Meurtres dans un cercueil académique

Les impliqués
Éditeur

Fondée en 2014, notre maison d'édition se consacre à la publication d'ouvrages relevant de divers domaines : littérature, récits personnels, premiers romans et nouvelles, essais en sciences humaines, religion, économie, etc.

Les impliqués ont pour vocation de publier, après sélection, les manuscrits qui leur sont confiés. Ils proposent ainsi aux auteurs de faire de leur projet d'écriture une réalité et d'éditer, après une réelle collaboration avec eux, leur ouvrage issu de leurs souvenirs, de leur imagination, de leurs rêves, de leur recherche ou encore de leur travail.

Yves Morielli

Meurtres dans un cercueil académique

Roman policier humoristique

Les impliqués
Éditeur

5-7, rue de l'École-Polytechnique – 75005 Paris
www.lesimpliques.fr
contact@lesimpliques.fr
ISBN : 978-2-38541-978-3
EAN : 9782385419783
Pour l'envoi de vos manuscrits : voir à la fin de cet ouvrage

À ma sœur jumelle, Anick

L'auteur

Ce roman est le deuxième ouvrage dans ma brève carrière d'écrivain, si l'on peut me désigner ainsi. La majorité de mes quelque cent écrits sont de nature scientifique. Ils sont publiés dans des revues académiques à comité de lecture et chez des éditeurs renommés, couvrant des sujets allant du marketing à la psychologie, en passant par la psychiatrie, le droit, la finance comportementale, l'économie et la gestion de projets.

Je connais bien le milieu académique qui est le théâtre de l'action dans cette aventure, comme son titre l'indique. J'y enseigne. Mon parcours comprend en outre un baccalauréat en études asiatiques (japonais) avec distinction et un diplôme en relations publiques de McGill University, un MBA de Guelph University, un doctorat en marketing de l'Université de Sherbrooke, des études postdoctorales à HEC Montréal, un certificat en chant lyrique de l'Université de Sherbrooke, et une Habilitation à Diriger des Recherches (HDR) de l'Université de Lorraine, en France. Tout ça fait sans ChatGPT, qui n'existait malheureusement pas à l'époque.

Mais attention ! Ce récit a été rédigé dans un style non académique, se voulant agréable et humoristique, plein de quiproquos et de jeux de mots, ou plutôt, de jeux de maux. Bien qu'il aborde diverses nationalités, cela ne résulte nullement d'un quelconque préjugé. Je parle et enseigne dans plusieurs langues dans divers pays et j'ai eu la chance de parcourir la planète à quelques reprises, avant que mon handicap physique ne s'aggrave considérablement. Il est possible que vous rencontriez des coquilles lors de la lecture de ce livre, mais dites-vous que c'est normal puisque l'aventure se passe dans un hameau de pêcheurs et d'agriculteurs au bord de l'océan Atlantique (où se trouve un laboratoire de recherche bien spécial, le Labafadas). De plus, vous noterez qu'une des victimes, un garçon de huit ans, est circonstancielle ; elle est le résultat, pourrait-on dire, d'une faute de frappe.

Ce livre est un peu autobiographique. En effet, je l'admets : je suis un meurtrier, une brute, un truand. Tuer me procure un sentiment de puissance et de bien-être que je n'ai jamais ressenti ailleurs, à quelques exceptions près, que je ne peux pas détailler publiquement. Cette fascination pour le crime ultime m'a été révélée par un psychiatre payé par une université québécoise, qui l'a détectée dix ans à l'avance, dans un diagnostic-pronostic rédigé en 2014, dont une partie a été divulguée sur internet, bien que le rapport soit qualifié de « confidentiel ». On a même déduit que mon handicap physique était purement imaginaire et qu'ainsi, on pouvait me forcer à faire des déplacements qui mettaient ma santé en danger. Cela, par suite de ma dénonciation, témoins à l'appui, qu'on m'avait volé mes données de recherche scientifique et imité ma signature sur plusieurs documents, à mon insu. Je n'ai jamais rencontré ce Nostradamus québécois et il n'a jamais communiqué avec mon médecin de famille. Informés, le Collège des médecins, le gouvernement et la police locale n'y ont vu aucune faute. Je ne présente aucun des traits classiques permettant d'anticiper une tendance à la violence, tels que l'abus de drogues et/ou d'alcool, un traumatisme infantile, une schizophrénie paranoïaque diagnostiquée, un choc traumatique, ou un environnement familial dysfonctionnel, entre autres. Néanmoins, cet expert sorti d'un portefeuille a démontré une telle perspicacité qu'il a pu prédire que je tuerais, et ce, avec préméditation. Il a même affirmé, sur la base d'un volume conséquent de documents qu'il a reçus dans le plus grand secret, que j'avais eu une relation amoureuse avec une dame membre du personnel de mon université québécoise. Vous imaginez ma surprise quand j'ai découvert, sur internet, plus de trois ans après les événements allégués, que j'avais été impliqué dans un triangle amoureux à mon insu et sans en savourer les plaisirs. Misère ! Je choisis cependant de voir cela d'un bon œil : je présente ici l'intrigue de mes nombreux meurtres, commis sans aucun remords, bien au contraire. Oui, je le reconnais, je suis un meurtrier et un infidèle. Et je compte bien le rester.

…………

Cette histoire composée en partie de faits réels est purement fictive.
Toute ressemblance avec des lieux ou des personnes est fortuite.

Protagonistes

Dans le village Old Sunnybrook

- Joe et Peter : deux villageois
- John et Matthew : deux jeunes natifs du village
- Joy : épouse de Mike, native du village
- Mike : propriétaire du bistro *Life is a Splash*
- Shérif Ned R. Bish : natif du village

Au laboratoire de recherche universitaire Labafadas

- Dr Arafat : le petit chien de la Dre Bourdonelle (né un 1er avril)
- Dr Onshideo Fukuyu : professeur à mobilité réduite, originaire du Japon (né un 1er avril)
- Dr Henri Henry : professeur, natif du village, avec citoyenneté britannique (né un 1er avril)
- Dr Stewart Mcanus : un professeur détesté de presque tous, d'origine irlandaise (né un 1er avril)
- Dr Viktor Zschmukzyngsky, ou simplement Zschmuk : professeur d'origine biélorusse (né un 1er avril)
- Dre Hélène Bourdonelle : une professeure, d'origine française (née un 1er avril)
- Dre Mimi Laverge : une professeure, native du village, conjointe du Dr Fukuyu (née un 1er avril)

Autres

- Gerry G. Gargel : un richissime mormon de l'Utah
- Lisa Kakahuet : une employée, d'origine turque
- Sarah : la fille adolescente de Zschmuk

Un chalet dans la mire
Le 17 juillet 2022

Gerry G. Gargel n'a pas pris part à l'assaut du Capitole des États-Unis à Washington D.C, le 6 janvier 2021, mais d'une certaine façon, il en subira des conséquences. Le très distingué monsieur travaille pour un groupe privé représentant les intérêts des immigrants illégaux venus aux États-Unis directement d'Amérique latine. Le siège social de son entreprise sans but lucratif – sauf celui, selon ses détracteurs, de priver les Américains de leurs emplois en utilisant son réseautage parmi les puissants tordus de la sphère publique américaine – se situe au coin de la 23e Avenue Est et Broadway, près de l'édifice abritant la Wells Fargo Bank.

Monsieur G. G. Gargel, 70 ans, né d'une maman d'origine russe à St. Petersburg, en Floride, et d'un père inconnu (même de sa génitrice), mesure un mètre soixante lorsqu'il se tient sur la pointe des pieds. Il est grassouillet, à moitié chauve, éduqué, et vous fixe d'un regard azur clair tantôt hagard, tantôt mesquin. Il a fait un peu de judo puis obtenu un doctorat en poésie française à la Sorbonne, à Paris, suivi d'un diplôme en droit de l'Université de Yale, au Connecticut. Ce parangon de vertu et de savoir parle cinq langues couramment. Il a fait le tour du monde au moins quinze fois et a des contacts parmi la crème de la crème des intellectuels partout sur la planète. Il se décrit comme un mormon de l'Utah qui respecte rigoureusement (ou presque) les règles de cette secte. Il invite fréquemment ses amis à célébrer les fêtes mormones, si ce n'est pas dans le nord-est des États-Unis, alors c'est à Salt Lake City. Il s'affaire à défendre les Latino-Américains qui veulent recommencer leur vie dans le pays de l'entrepreneuriat. Quand Gerry G. Gargel (ou plus exactement le Dr G. G. Gargel) n'est pas occupé à préparer des discours pour les héros de la finance, à recevoir des invités de marque, à exercer du lobbying à Washington ou à régler un millier de détails dans un millier de dossiers, il se repose à son chalet. Occasionnellement, il se masturbe loin des regards de son épouse ou, plutôt, de ses épouses. Cet exercice a d'ailleurs été si fréquent qu'il en a développé une tendinite, laquelle s'est aggravée au point que son bras droit est presque paralysé. En conséquence, il marche sans le bouger.

Son chalet est une forteresse quadrillée de fils barbelés et d'une double clôture en fer forgé de trois mètres de haut, gardée vingt-quatre heures sur vingt-quatre par une armée disciplinée de dobermans humains et canins. Elle est surveillée par des caméras qui en couvrent le moindre mètre carré et même par des drones. Hollywood ne peut faire mieux. La demeure, composée entre autres de quatorze chambres à coucher et d'une église, est à trois kilomètres au nord-est d'une paisible bourgade nommée Old Sunnybrook. Celle-ci se situe à mi-chemin entre New Haven et Rhode Island, à 150 km de New York.

Si on veut s'en prendre à G. G. Gargel, il n'y a que deux moyens : l'arme nucléaire, qui n'est pas à la portée de tous et un chemin qui échappe aux mesures de sécurité.

Un groupuscule de terroristes d'extrême droite issu de la révolte du 6 janvier, dont les membres soit ont le cerveau brûlé, soit sont des revendicateurs idéologiques d'inspiration néo-nazie, a trouvé ce chemin.

Il s'agit d'un tunnel.

Confinés

Old Sunnybrook est un des premiers villages construits par les Britanniques après leur acquisition de New York des mains des Hollandais en 1664. Les sondeurs marketing américains considèrent que cette agglomération du Connecticut, un peu isolée et posée sur le sable au bord de l'océan Atlantique, agit comme un baromètre électoral. Depuis des années, les villageois choisissent, lors des sondages préélectoraux, le parti politique qui prendra le pouvoir lors des élections nationales suivantes. Son attrait est tel que bien des Américains ne votent pas en fonction de leur conscience ou de leurs opinions mais en fonction des résultats de ces enquêtes. Le village est Blanc et protestant. Il n'y a pas de Noirs ou de Latino-Américains ; on ne sait même pas à quoi ce genre de créatures ressemble. Et on n'en veut pas. La pigmentation cutanée, les vœux de chasteté et le dégoût de la richesse catholiques, c'est pour les autres, merci beaucoup. La population de ce hameau de pêcheurs est vieillissante et conservatrice. Âge moyen : 57 ans ; taille moyenne : 1,60 mètre ; poids moyen : 128 kg. Pilosité : épaisse et robuste, avec des poils de différentes longueurs selon les parties du corps, exhibant une couleur blanche, beige, brune, ou noire, avec une densité plus grande sur le dos, les flancs et la région de la poitrine, autant chez les hommes que les femmes d'âge mûr. Les jeunes ont foutu le camp à New York ou à Daytona Beach. Leur devise à eux : *Carpe diem*. Il y a deux écoles élémentaires et une école secondaire dans le patelin.

En revanche, c'est là que se trouve le laboratoire universitaire de recherche voué à l'avancement des sciences et à la préservation de la vie marine dans l'océan Atlantique, le seul dans la région, le LURVASPVMOA, dont l'épithète est le Labafadas. Ce surnom vient du fait qu'un villageois a collé une affiche sur sa porte d'entrée, que personne d'ailleurs n'a jamais jugé bon d'enlever, peut-être parce que la vérité y est cruellement inscrite : « Extrême prudence : fadas à la tâche ». L'Université Soho, située à New York (pour faire concurrence à l'Université de Yale) et le gouvernement de cet État, ont subventionné la construction de ce laboratoire expérimental où les chercheurs-docteurs tentent de comprendre, entre autres et d'après ce qu'en comprennent les villageois, les schémas migratoires des baleines et des métabaleines, des requins, des métarequins, des carpes et des métacarpes. Certains scientifiques planchent sur les mécanismes de reproduction des mammifères océaniques, d'autres s'intéressent à la façon dont ceux-ci traitent l'information. D'autres encore veulent comprendre comment ils utilisent la lumière, les étoiles et les champs magnétiques pour guider leurs fantastiques voyages migratoires, en groupe ou solo, à l'écart ou près des bateaux, quand il y a des orages ou qu'il fait beau. Cela, à travers les mailles des filets de pêcheurs illégaux, le bruit assourdissant des navires, les vastes îlots de détritus plastiques qui parcourent les mers vers nulle part, bref, à travers les travers de la modernité. Quelques cours hautement spécialisés sont donnés à une poignée d'étudiants triés sur le volet, fils et filles d'entrepreneurs ou de gestionnaires bien nantis. Ils séjournent dans la bourgade d'un à six mois dans le cadre d'un programme les déplaçant depuis la Big Apple. Ce n'est pas un immigrant illégal qui apporterait quelque valeur que ce soit à cette dynamique villageoise déjà fort compliquée.

Les résidents sont obtus mais accueillants et amicaux, surtout envers les touristes (Blancs). Ils semblent à jamais satisfaits, une fontaine de bonheur en ébullition certes, mais plutôt unidimensionnelle. Ils ont une sorte de joie de vivre sporadique que leurs ancêtres avaient et qu'ils ont transmise grâce à leurs gènes, leurs manières, leur dialecte et leurs coutumes. On aime bien l'argent, mais ce n'est pas une nécessité. On préfère l'atmosphère paisible du patelin, mais on ne dédaigne les touristes qui laissent, tradition nord-américaine oblige, des pourboires, *a fortiori* s'ils sont gonflés aux stéroïdes. Un billet inoffensif de cinq, ou mieux de dix dollars après un copieux repas valant 25 dollars, pourquoi pas ? On le mérite bien : on est courtois, on a un beau paysage de sable et de moustiques à partager. Et puis, on affiche toujours un plus beau sourire quand le pourboire s'approche des dix dollars.

Un panneau de trois mètres carrés à chaque entrée du village explique savamment : « Nous sommes Blancs et protestants. Point. » Le shérif Ned R. Bish adhère complètement à ce slogan. Il est Blanc et protestant. Et il est vraiment con. Quand il avait entendu parler de blanchiment d'argent, il s'était demandé si on pouvait utiliser de l'eau de javel.

À Old Sunnybrook, on chérit les armes à feu, mais comme les immigrants ne sont pas bienvenus, on ne se sent pas menacés directement par eux. Il est donc très rare qu'on en garde sur soi (des armes, pas des immigrants). Au mieux, on les sort du placard pour que les jeunes enfants puissent jouer avec (les armes, pas les immigrants). Pourquoi pas ? Ces enfants auront sans doute besoin d'un Colt ou d'une Winchester quand ils seront adultes, ne serait-ce que pour expliquer efficacement leurs points de vue lors de discussions entre amis, voisins ou collègues.

Dans ce lieu un peu surréaliste parmi un marécage d'hommes, de femmes et d'enfants rarement noyautés par la souffrance, tout le monde se connaît. C'est comme si chacun savait de quoi l'autre avait rêvé la nuit précédente. Une des nombreuses légendes qui circulent veut que si le rêve est un cauchemar, chaque villageois se réveille en transpirant et en criant d'effroi. S'il a un contenu pornographique, chacun devient agité ou même excité (on ne parle plus alors du résultat des élections mais du résultat des érections). Et s'il est muet et monocorde, chacun se prend pour un fonctionnaire du gouvernement local. Et puis, pourquoi aurait-on le moindre désir d'accueillir des immigrants qui viendront polluer l'atmosphère, cambrioler les commerces, violer les jeunes filles, distribuer du crack ? Pas question. *No quiero*.

La commune, dont les toits des maisons forment un tapis de cheminées et de coqs girouettes, se veut un lieu où l'on marche joyeusement le long de la plage, pour ensuite revenir d'un horizon cousu d'un seul élan avec une sensation de mélancolie. L'océan Atlantique lance son tonnerre incessant sur le rivage sablonneux avec un son qui rappelle le rugissement d'un lion et qui, à l'occasion, apeure les enfants.

Cette vague valse de salves de vagues s'étend sur des milles marins et s'aventure vers les hectares de terre qui entourent les villageois. La houle commence aussi loin qu'on peut voir sur la surface turquoise tout comme la raison d'être du tunnel à vocation terroriste remonte au début du temps, à la genèse. Le vent, constant, courbe les lauriers des montagnes, les ronces, les cyprès, les chênes blancs et les érables rouges. Certains arbres ont des feuilles carrées ou des épines en tirebouchon (comme le prétend une légende locale). Le vent les force tous à émettre un son strident. Pour ceux qui ont passé leur vie dans cet endroit, cela est normal, mais pour les nouveaux venus, cela a un côté maladroit, peut-être même menaçant. La prémonition d'un danger fait croire à n'importe quel passant innocent que le monde d'avant, si près, ne sera jamais comme le monde de cyprès d'après.

Mike Vintage, homme trapu aux yeux vitreux et zébrés de veines, dont une cinquantaine d'années mouvementées sculpte le visage ridé, est propriétaire avec sa femme Joy de vingt ans sa cadette (et originaire du patelin), du populaire bistro *Life is a Splash* sis en plein cœur d'Old Sunnybrook. Il est un fervent adepte de la bouteille et de ce mouvement d'extrême droite qui germe par endroits aux États-Unis, souvent dans le plus grand secret. Il a pris part à l'assaut du Capitole, mais, bien déguisé, personne ne l'a reconnu et il s'en est tiré. Lui, il n'est pas con ; il est futé. C'est lui qui, jusqu'au fin fond du Connecticut, fournit des armes de pointe comme des AK-15, que bien des citoyens considèrent comme leurs meilleurs amis. L'air marin de rien, il se fait une petite fortune, pénard dans son café à la popularité grandissante. On le surnomme « Le pénard des pétards ».

Ce bistro affiche sur une pancarte son appétissant menu : boissons chaudes en hiver, y compris des cafés, des beignets avec ou sans trous au milieu et des soupes maison aux poireaux, surnommées wikileek[1]. Le commerce propose aussi des sandwiches au poulet, des œufs durs, du thon, de la bisque de homard, des croustilles et des bretzels. Pour attirer les touristes (tous sauf les immigrants illégaux, bien sûr), Mike et sa femme ont créé et font courir une légende : le café a neuf tables rondes aux angles carrés, un comptoir, une cuisine à l'arrière, une horloge antique clouée au mur dont les aiguilles en forme d'anguille reculent plutôt que n'avancent, des toilettes et un placard. Chaque fois qu'un client entre, raconte-t-on de bon ton, une chanson folklorique locale fredonne sur les haut-parleurs pendant environ trente secondes. Les tables se mettent alors à danser et à tourner jusqu'à ce que la musique s'arrête. Un chanteur, un guitariste, un batteur et deux cuillères jouent cette musique folklorique locale. L'entrée est gratuite mais pas la sortie : il faut laisser un pourboire, sinon la communauté entière sait que vous êtes radin et du coup, le prix des cigarettes double au bureau de tabac du coin.

Pendant que les résidents, presque tous pêcheurs, éleveurs de visons (dont la fourrure est prisée en Europe, en

[1] *Note du roi Charles* : « Leek » est un poireau en anglais. Le légume est plus populaire parmi les Anglais que les Anglaises ; ils disent souvent : « I am going to take a leek. »

Chine et en Russie) ou agriculteurs, se retrouvent dans ce lieu grouillant d'activités, d'embrassades, de rires, de chants, de joie manifeste, les savants du Labafadas demeurent plongés dans leurs textes académiques, qui les prennent dans leur filet. Ce dernier se resserre douloureusement sur eux avec les heures et les années. Parmi les académiciens qui fréquentent régulièrement *Life is a Splash*, il y a, par exemple, le Dr Viktor Zschmukzyngsky, qui aime y déguster un cappuccino et lire un journal scientifique écrit dans une sorte de langue étrangère que les villageois ne peuvent déchiffrer. Le savant, 63 ans, petit, légèrement arqué et veuf, est un Juif hassidique biélorusse. C'est un immigrant Blanc et légal. Comme l'explique Mike quand il est intoxiqué, avec son langage coloré qui plaît tant à ses clients du village, le Dr Zschmukmachin « semble toujours préoccupé, encapsulé dans son propre univers aride de concepts, d'idées, d'idéaux, de révolutions, de convolutions et… de circoncisions. » Oui, il est sûrement circoncis, ce Zschmuk ; c'est bon signe pour des protestants américains. Il porte toujours une arme sur lui : c'est un Américain dans l'âme. Il laisse de bons pourboires. Plus que 15 % du total en général ; s'il en laisse moins, c'est qu'il n'est pas content. Que de chemin parcouru par lui et sa famille ; ses grands-parents furent exterminés à Terezín, en Tchécoslovaquie, en 1943. Il a visité les lieux à plusieurs reprises. Il connaît l'enceinte ceinturée de murs de briques par cœur et y entend encore les aboiements des bergers allemands et sent par un phénomène inexpliqué leurs douloureuses morsures. La première fois qu'il a vu la salle de chirurgie où les médecins nazis s'amusaient sur des cobayes vivants avec des outils métalliques sujets à la rouille, il en avait vomi. Les portes des fours crématoires, hautes d'à peine 25 centimètres, suggéraient que les corps qu'on y engouffrait étaient extrêmement maigres et donc qu'ils avaient été affamés. Pourquoi payer des sentinelles et le système logistique énergivore nazi pour brûler des êtres inférieurs ? Pour effacer des traces de torture ? Fort possible. Heureusement, cela, c'est du passé. Le Dr Zschmuk est particulièrement attaché à son portable. Dès le premier jour où il arriva à Old Sunnybrook, il dut quémander de l'aide à Mike, car l'appareil ne fonctionnait pas. Mike l'examina avec soin puis prononça le verdict, en se foutant de la gueule de l'érudit :

— Le problème, c'est votre pré-puce, docteur.

— Je ne crois pas non, s'était offusqué le savant.

— Je veux dire, vous avez là un téléphone préhistorique à clapet qui vient de Hongrie.

— Pologne.

— Oui, bon, Hongrie, Hong Kong, Hong Kippur, peu importe. Il faut lui mettre une puce américaine, une carte SIM adaptée, voilà !

Problème réglé.

À côté du savant se tient sa fille, Sarah, seize ans, qui joue à un jeu passionnant de Monopoly modifié avec une amie à l'autre bout de la connexion internet. Les maisons à conquérir sont en Cisjordanie, sur les territoires du Golan et à Jérusalem ; il n'y a pas de « Passez et collectez 200 $ ».

Dès que Mike a rencontré le saugrenu personnage Zschmuk dans son bistro *Life is a Splash*, il en est resté perplexe. Il a même pensé sortir son Glock 45 pour vérifier si la poussière aurait endommagé son mécanisme. On ne sait jamais. D'ailleurs, en quoi ce mec pourrait-il être d'une quelconque aide pour construire le tunnel secret ? Et puis, pourquoi cet *homo judeus* biélorusse participerait-il à un projet visant à faire exploser des bombes artisanales dans l'enceinte vacancière de l'honorable Môssieur G. G. Gargel, qui côtoie sans doute nombre de ses frères de sang ? Mais le jour où le Dr Zschmuk a compris le système des pourboires et s'en est fait un ardent disciple, tout a basculé : Mike a pris l'oiseau rare sous son aile, en quelque sorte.

Interdit de rire de lui dans son café ; à l'extérieur, oui, ça va. Mike a ses principes, oui monsieur.

Et puis, après quelque temps, Mike s'est habitué à son client ultra-orthodoxe aux manières peu orthodoxes, pour ainsi dire, à sa façon énigmatique de parler et de s'habiller, à son immersion incessante dans des textes scientifiques et à sa propension à se cloîtrer dans son vaisseau bipolaire de données et de théories. Il a accepté, bien qu'obsédé par un doute permanent, son désir de nuire aux proxénètes en place à Washington. Les faire exploser. Les blesser. Les humilier.

Le savant hassidique a acquis une notoriété internationale grâce à l'un de ses articles scientifiques intitulé : *La réaction défensive de l'anamnèse phylogénétique de Chionoecetes opilio face aux menaces émotionnelles humaines – Un aperçu général et global du sens du rien.* Selon Mike, il a simplement prouvé qu'on pouvait pondre un article savant en remplaçant les mots clés d'un article portant sur un domaine scientifique donné par des mots d'un autre domaine scientifique. L'Académie biélorusse des recherches scientifiques a décerné à cet effort multidisciplinaire le titre de « Meilleur article du siècle », sans toutefois préciser à quel siècle il faisait référence. Voilà ce qu'avait noté Mike entre deux bières. Ses clients villageois s'étaient tordus d'un rire groupé bien gras. Ah, ah, ah !

Le Dr Zschmuk ne sait pas quoi faire de sa fille adolescente aux allures de jeune adulte, sinon l'entraîner dans le projet de tunnel, mais elle s'y refuse. Il égrène les heures avec elle, les soirs à la lueur d'une lampe dans le salon de leur demeure ou autour d'un repas casher. Il parle alors de ses théories des complots et de son prix Nobel à venir. Il régurgite et potasse des livres savants, des opuscules et des articles plus compliqués les uns que les autres. Il explique, en levant l'index vers le ciel : « La science est un sixième sens qui lit le monde et un non-sens que le monde ne peut lire. »

Aïe !

Quand les bombes auront explosé dans le ventre du chalet de Gerry G. Gargel, la couverture médiatique sera incroyable : un extrême parmi les extrêmes ! Et « un Juif acidique » de surcroît !

Il y a d'autres espèces invasives au laboratoire qui, de l'opinion de bien des locaux, sont des emmerdeurs plutôt qu'une planche de salut économique et de notoriété. (« On n'en a rien à foutre de ces fadas ».) Le service de recrutement de l'Université Soho les a voulus internationaux, pour donner du prestige à son laboratoire. Il y a les Drs Hélène Bourdonnet, Stewart D. Mcanus, Henri Henry, Mimi J. Laverge, et Onshideo Fukuyu[2] (surnommé Dr Ping Pong par les villageois). L'autre condition à l'embauche – *sine qua non,* était que, pour faire honneur à la profession et au laboratoire des sciences marines, tous les nouveaux élus devaient être nés un premier avril. D'ailleurs, lorsque Mike les avait vus assis au bistro collés les uns aux autres, il n'avait pu s'empêcher de remarquer qu'il voyait là un ban de poissons.

***

Le village d'Old Sunnybrook n'a rien à voir, en apparence, avec les ambitions qui hantent les aventuriers pris au piège dans les mystères de leur tunnel, à presque trois kilomètres de là, près du chalet de G. G. Gargel. En creusant, ils sont tombés par hasard sur un ancien caveau de deux mètres de hauteur et de largeur et par quatre mètres de longueur, enfoui depuis des siècles, à presque trois mètres de profondeur. Dans l'obscurité oppressante, les aventuriers se frayent un chemin à travers terre, pierres et racines coriaces, déterminés à atteindre leur objectif

[2] *Note de l'Empereur Hiro Hito* : En japonais, les « u » sont prononcés « ou ».

ultime : la résidence du diable lui-même, le Dr G. G. Gargel, à jamais habillé de bleu et de blanc.

Joy se souvient vaguement des anciennes activités minières dans la région qui expliquent cette galerie souterraine. Dans ce tunnel malheureux, son mari Mike parle sans réelle conviction à son interlocutrice, Kakahuet, de trente ans sa cadette. Lisa Kakahuet fait partie du personnel du Labafadas. Elle y occupe une fonction administrative. Elle va régulièrement au café *Life is a Splash* écouter les grivoiseries de Mike ou échanger avec des collègues ou avec la plèbe, c'est-à-dire les villageois. Elle occupe ses journées à remplir des formulaires, à imaginer de nouvelles politiques et règles de conduite, à s'assurer que tout est en place et que les employés font leur boulot. Elle aide son patron en lui rapportant ses observations et en lui servant un thé à l'occasion, sans jamais oublier qu'elle fait cela de bon cœur et non comme une preuve indubitable de sa soumission féminine à l'autorité masculine. Cela au grand jamais. Côté pourboire, ça laisse à désirer. Elle ne se fera pas d'amis, c'est sûr. Mais elle n'en a rien à cirer : elle compte vivre dans le hameau au maximum cinq ans, puis retourner à Istanbul, où elle est née, se trouver une âme sœur avec une belle tête de Turc. Les immigrants qu'elle déteste sont les Kurdes, mais il y en a peu en Amérique latine et ils sont loin (ce sont des Kurdes distants) ; alors, on fait avec. On les remplace par les nuisibles Latinos, de vrais cafards. En plus, Jennifer Lopez a un gros cul. Oui monsieur.

Pour l'instant, Kakahuet est coincée dans un tunnel. Mike s'explique : il n'a rien contre les immigrants, mais ils l'agacent considérablement. Ils sont sales et ils puent. C'est vrai, quoi ; qu'ont-ils apporté aux vrais Américains comme lui ? Rien. Zip. Nada. Bon, d'accord, ils font le ménage dans les hôtels de New York et certains (ou certaines) divertissent même des hauts dirigeants à l'occasion. Pas de quoi en faire tout un plat. On peut les substituer à n'importe qui. On peut les remplacer par des gens bien, des Caucasiens respectables, des locaux qui respectent les règles, voire qui sont presque civilisés ou bien des Slaves qui se lavent. Dommage que l'attaque sur le Capitole n'ait pas donné les résultats escomptés.

Kakahuet écoute sans vraiment croire à un échange. Le quasi-monologue du pénard des pétards est à mi-chemin entre l'être pour lui et le néant pour elle. Dès qu'il en a la chance, Mike débouche sa gourde et prend hâtivement une gorgée de bière, sa version de ce qui est de l'eau pour ses complices et qui, par la force des choses, est tiède et fade, mais ça lui suffit. Il cache bien son jeu. Kakahuet, l'auditrice affligée, voit l'explosion qui va bientôt se matérialiser, avec l'esprit. Avec le cœur. Avec la hargne du cœur. À quasiment trois mètres sous terre, quelque part entre une entrée et une sortie, elle et ceux de ses comparses d'extrême droite n'ont qu'un souhait : que leur complot réussisse. Mike, lui, contemple des souvenirs épars, car par une sorte d'intuition rebelle, il sent sa fin proche. Kakahuet se tient à une distance suffisante de lui pour éviter que leurs deux corps ne se touchent, mais suffisante aussi pour que leurs regards se croisent malgré la pénombre. L'endroit exigu est bloqué en aval par un éboulement récent et en amont par de la roche et de la terre qui restent à creuser. On ne peut plus évacuer ce qu'on creuse à l'avant… et pourtant, il faut creuser pour sortir. Le caveau se remplit peu à peu de pierres, de terre, de racines.

— Tant que le fil du courant électrique n'est pas endommagé, remarque Mike, qu'un peu d'air circule, qu'on a des réserves d'eau et de bouffe, on peut s'en tirer. Pour la suite, qui sait ?

Vivement une gorgée.

— … Allez, hop, *houblons* ça !

Kakahuet se mure dans un silence complice. Certes, Mike la libère de son inquiétude mais paradoxalement, il la fait souffrir d'ennui. La suie qui griffe le plafond tamise un peu l'éclairage qui vient d'une bougie et d'une lampe alimentée sporadiquement par le long fil électrique, le seul contact avec le monde extérieur. Kakahuet se sent abandonnée. Elle a peine à respirer. Où est sa légèreté bohémienne de l'être ? La compression de sa poitrine, cette impression d'être piégée, ce soulagement impossible, cela rend les échéances de sa vie d'autant plus cruelles.

Pas trop loin, un petit groupe d'hommes et de femmes dort au fond du caveau, en retrait de la faible pénombre et du pot en plastique nauséabond qui sert de latrines pour tous. Leurs gémissements et ronflements se combinent sans souci harmonique à l'égard de ses esclaffements saccadés. Il fait chaud. La sueur leur colle à la peau. Kakahuet refuse de déboutonner sa chemise, de crainte d'attiser les propos ou pire, les élans de cet homme, Mike. Une lancinante confusion se dessine sur son visage. Elle réalise qu'elle ne connaît pas cet être sardonique avec qui elle a entrepris, avec cette poignée d'individus, ce projet fou de creuser un tunnel pour aller faire payer à l'État, par l'entremise du Dr G. G. Gargel, quelque chose qui reste à définir.

Kakahuet écoute donc, résignée, le palabre de son aîné, qui, il n'y a pas si longtemps encore, lui prêtait une oreille généreuse et lui servait café et beignets à la mode Old Sunnybrook au bistro *Life is a Splash*. Comme les circonstances changent les hommes ! L'endroit est devenu un centre de radicalisation, rien de moins. La Mecque plus ultra de l'extrême droite. Un exploit pour un bled perdu à l'ombre de New York. Kakahuet sait qu'elle représente une voix discordante dans le tableau. Issue d'une génération différente et apportant une perspective extérieure au village, elle se retrouve souvent en désaccord avec les opinions conservatrices de Mike. Leurs discussions ont parfois soulevé des débats fougueux sur l'immigration, la culture et les valeurs, créant une dynamique tendue et chargée de conflits idéologiques. Mieux vaut se taire. Les conflits latents entre les terroristes en herbe sont nourris de peurs, de préjugés et des désirs inavouables, créant un entonnoir complexe de rivalités.

Mike paraphrase Hugo :

« Waterloo ! Waterloo ! Morne et triste plaine !
Comme l'eau qui bout dans une urne trop pleine
Dans ce cirque de bois, de coteaux, de vallons
La pâle mort mêle armes et sombres bataillons. »

— D'où tu sors ça ? T'es censé être un universitaire qui a échoué, pas un poète !

— De M. Gargel lui-même. À chaque fois qu'il visite mon café, il me récite un poème. Une encyclopédie vivante, ce mormon, je te dis.

— Il est temps qu'il récite ses vers en enfer et tant qu'à faire, enfer et contre tout.

Kakahuet trouve enfin le sommeil, épuisée par le drame du cloisonnement létal qui se dessine. L'étroite spirale de la destinée se mue là, nue, dans cet espace emmuré par les murmures, véritable tombeau de pierres, sarcophage chronophage. À l'air libre : saisons d'insouciance. Dans le caveau : prison de médisance. Kakahuet rêve, après avoir pris un peu de crack en cachette. Mais elle n'est pas la seule à visiter Morphée : un peu à l'écart de tous, un autre homme. Il ronfle. C'est l'illustre Zschmuk. Ses épaisses lunettes rondes à monture métallique sont écrasées entre son nez et un monticule de terre qui sert d'oreiller. Il s'est endormi en lisant pour la énième fois le journal scientifique toujours engouffré dans la poche arrière de son pantalon, fonction d'universitaire oblige. Ses jambes sont tendues. Il est secoué par des spasmes irréguliers, rappelant le tremblement de pattes d'un frêle animal blessé. Au cours des dernières semaines, il a appris beaucoup de choses sur certains des aventuriers qui ont décidé de construire ce tunnel qui n'offre plus à présent l'espoir qu'il promettait le jour précédent, avant l'éboulement.

Zschmuk est semi-assis, semi-couché. La chaleur et l'humidité couvent son rêve. Mike se positionne en face de lui et chuchote, avec dédain :

— Si tu savais comme je te hais. Pour ce que tu es et ce que tu fais. Jamais on n'aurait dû t'accepter dans notre groupe.

Une mort inexpliquée
Le 21 juillet 2022

Dehors, un merveilleux lever de soleil dore le fond de la baie. Rempli de couleurs chaudes, de nuances gracieuses et de teintes kaléidoscopiques, le havre de paix est vibrant, comme un cœur juvénile amoureux. L'astre étend une luminescence quasi magique au-dessus de la marée (pour l'océan, une corvée éternelle), qui se taillade contre les quais, un paysage lunaire où rochers, algues, coquillages et mousse accompagnent le sable et les vagues sous un ciel aussi rond qu'un dôme de cathédrale.

Ah ! Que la vie est belle, pense le Dr Gargel, en savourant un café, chez lui.

***

En ce petit matin où les villageois et les universitaires se sont mis au travail comme à l'habitude, un des natifs du village, le Dr Henry, appelé la plupart du temps simplement Henry, d'affiliation d'extrême droite, convaincu mais réservé, voire timide à l'occasion, à l'air rude mais à la poignée de main molle comme une pieuvre, attend John et son frère de huit ans dans sa camionnette Ford F-150 d'occasion. Henry a grandi dans le bourg avant d'aller étudier en Grande-Bretagne, dont il a acquis la citoyenneté, car ses parents étaient originaires de ce pays. Pour faire amende honorable à ses amis d'enfance, il rend service ici et là. Une de ses missions caritatives est de conduire John tous les matins de la semaine au modeste chantier local où sont construits des bateaux de pêche et son petit frère à l'école. Au loin, on entend un bébé gémir. Exaspéré, Henry sort son portable de la poche intérieure de sa veste et compose le numéro du jeune homme. En vain. Il hésite à rentrer chez John, sachant qu'il passe parfois certaines nuits épuisantes à prendre soin des conquêtes féminines dénichées dans des bars malfamés de villes ou bleds avoisinants. Il se résout à patienter encore dix minutes. Pas plus. Ses doigts jouent sur le tambour que constitue son volant, mais finalement, le silence qui règne avec sa présence sinistre le pousse à bout.

Anxieux plus que curieux, Henry sort de son véhicule, le visage rouge et contrit. Son tempérament impulsif prend le dessus, celui qui lui a souvent causé des altercations avec les autorités locales durant son enfance. Pourtant, son long séjour en Grande-Bretagne et sa citoyenneté british avaient eu raison de ce trait socialement défavorable, du moins, croyait-on. Il se précipite vers la maison déglinguée de John, déterminé à le tirer hors du lit. « Allez, espèce de paresseux, tu vas être en retard ! » compte-t-il crier avant d'ouvrir brutalement la porte d'entrée et de remplir la pièce de son impatience. Le cadet devrait être debout, lui. Si John résiste, il lancera « Lève-toi, enfoiré ! ». Il le bombardera de questions et d'insultes s'il ose dire quoi que ce soit.

Henry entre. Le salon est sens dessus dessous ; les meubles gisent à la renverse, les rideaux sont tirés et la faible lumière qui les transperce péniblement transforme l'intérieur en un cafouillis d'ombres funestes. Henry ne sait pas, à ce moment-là, que John sera en retard au travail pour toujours et que son jeune frère ne connaîtra jamais l'amour d'une jeune fille. Henry frappe frénétiquement à la porte des deux chambres à coucher, espérant insuffler, par un pouvoir télépathique, assez d'énergie aux deux fils de son ami pour qu'ils s'extraient de leurs matelas trop confortables. Ils doivent aller balayer les planchers de l'usine ou étudier les rudiments des mathématiques sur les bancs d'école.

***

Peu de temps après, le shérif Bish écoute le récit de la découverte déconcertante. Fils du village âgé de quarante ans et à la voix nasillarde, il a manifestement teint ses cheveux en noir pour tenter de paraître plus jeune. Il a le nez plat, les sourcils épais, le menton un peu en retrait (un genre Neandertal) et a, selon Mike, « un groupe sanguin unique de 00 correspondant à son quotient intellectuel ». Il ressemble un peu à la cousine de la tante du frère de John, mais a aussi des traits du frère du garagiste et du grand-père de la directrice d'une des deux écoles élémentaires. Bref, il est à l'image de chacun des bons Old Sunnybrookois. (La consanguinité a échappé au seul médecin de la bourgade, qui a été formé à la faculté de médecine de l'Université de Montréal, laquelle se vante d'être illustre et d'offrir un enseignement de la plus haute qualité. Ayant remarqué que la plupart de ses patients souffraient d'asthme, il avait conclu que cela était dû au fait que le paysage environnant était beau à en couper le souffle.)

Henry « a les compétences verbales d'une huître ». Voilà ce qu'avait affirmé Mike un jour qu'il partageait des bières et des bisques avec des pêcheurs du village dans son bistro *Life is a Splash*, où on se permettait de boire de l'alcool sans permis. Quand un ignorant à double zéro fait face à une huître, on ne peut espérer d'excellents résultats. Ma foi, huître multiplié par double zéro égale zéro, rien de moins, disait le très caustique Mike.

Aujourd'hui, à l'orée de la quarantaine, Henry persiste à semer la zizanie de temps à autre, sans le moindre remords, tout en laissant transparaître sa part d'angoisse sous une apparence feutrée. On peut le constater aisément : il s'enquiert toujours auprès de Mike ou de sa femme Joy s'il a laissé suffisamment de pourboires. C'est plutôt bien qu'il vérifie, car en réalité, il n'en laisse jamais assez.

— Un pourboire de six dollars, c'est suffisant, vous pensez ?

— Bêêê, j'dirions que c'est point mal, mais le Dr Zschmumachin, lui, fait ben mieux. Lui, il sait reconnaître le bon service. Il sait comment s'y prendre, lui.

— Sept alors ? … Mon repas ne coûtait que six dollars cinquante.

— J'dirions, ça va aller cette fois-ci, de conclure Joy, malicieusement dépitée.

Ce n'est que lorsque Henry se met à leur diapason que les deux propriétaires du bistro l'apprécient vraiment. Face au shérif Bish, il devrait pouvoir décrire ce qu'il vient de trouver avec de simples mots. Sur les lieux du crime, il a vu John, le fils de son meilleur ami et cousin, étendu, happé par la grande faucheuse, sans cause identifiable. John : nez plat, sourcils épais, menton un peu en retrait. Laid. Fils du pays.

C'en est trop.

Et puis, il a vu le gamin. Innocent. Huit ans. Les yeux ouverts, fixant un avenir cimenté à jamais. Le cœur d'Henry s'en était trouvé brisé. C'est le village qui bascule, s'épanche, larmoie, et qui cherche une explication. On fera une statue en bronze à l'effigie des deux jeunes et surtout, surtout, du petit malheureux, une statue que l'on placera en plein centre du village, oui monsieur.

Le shérif a établi un périmètre de sécurité et immédiatement envoyé ce qui apparaît comme un indice à un laboratoire à New York. Personne n'a rien vu. Personne ne sait rien.

Au poste de police, situé au cœur du village près du centre commercial désaffecté qui sert de caserne de pompiers et près de l'unique église et de la mairie, une table en plastique occupe une partie du bureau, avec sur elle une pile de papiers de couleur délavée. Ils s'y trouvent depuis toujours ; ils sont parcourus de toiles d'araignées. Les ordinateurs datent au mieux des années 80. On réclame depuis longtemps des réparations pour les portes, les fenêtres, les fissures et les taches rebutantes des murs qui ressemblent à des éclaboussures de café ou de sang séché, le plancher qui craque, les chiottes qui régurgitent régulièrement leurs repas fécaux, le plafond lézardé, l'électricité épileptique et le chauffage polaire. Mais les contraintes budgétaires ont limité les investissements dans le bâtiment délabré. On a préféré le Labafadas.

— C'est un traquenard du gouvernement, ce sont les Feds, le FBI, prétend Henry. Il n'est pas mort juste comme ça, notre John. Ils nous auront retracés jusqu'ici.

Henry incruste son dos dans l'axe horizontal d'une chaise noire bancale ; il croise les bras et lance des regards de feu. Puis il desserre le col de sa chemise grisâtre comme s'il pouvait faire entrer plus d'air dans ses poumons par le cou. Son cœur bat à toute allure, stimulé par un flux d'adrénaline et de cortisol.

Quelqu'un a brutalement tué John.

John, si jeune.

Un fils du pays. Poilu.

John, au nez plat, aux sourcils épais, au menton un peu en retrait.

Vraiment laid.

John, le fils d'un ami.

Quelqu'un a brutalement tué son petit frère.

Laid, lui aussi. Poilu.

Mais enfant du village.

John, le fils d'un ami qui est le demi-frère de l'arrière-petit-cousin de la caissière à l'épicerie principale, quelque chose comme ça. Comment s'y retrouver avec tous ces mélanges entre frères et sœurs, cousins et cousines, tantes et oncles ? Enfin, le point essentiel est que John et son frère ne sont plus, et cela, d'une manière bizarre. Voilà !

— Ouain, c'est du travail de pro, concourt le shérif Bish, point un suicide, j'dirions. Pour John, on voit ben que c'est point une mort naturelle, entre autres d'après la position du corps. Point un empoisonnement non plus, parions que j'peux l'parier.

— Une crise d'asthme ?

— Point une crise de plasme non plus. C'est le médecin de Montréal qui le dit. Pis point de blessures défensives.

— Des objets volés, alors ? J'sais pas, moi. Des trucs qui manquent ?

— Point.

— C'est vrai, tout le monde sait que John vivait avec très peu, concède Henry à lui-même. Un truc pas normal laissé sur le sol, une trace ?

— Point.

— Une serrure forcée ?

— Point.

— Une fenêtre cassée ?

— Point.

— Des blessures ?

— Point.

— Du sang ?

— Point.

— Des traces de pneus dehors ?

— Point dehors pis point en dedans non plus.

— C'est visiblement une opération coup de poing, mais que veux-tu que je fasse ? poursuit Henry. Et puis, tu as pensé au facteur, hein ? le facteur, il passe là tous les jours. Il a peut-être vu quelque chose ou c'est lui le coupable !

— Bêêê, j'lui ai ben tout de suite demandé, répond le shérif. Avec mon expérience, c'est la première chose qui m'est passée à l'esprit, j'dirions.

— Et ?

— Il dit qu'il n'a rien à se reprocher qu'il ne faisait que poursuivre son petit bonhomme de chemin.

— Alors on fait quoi ? demande Henry, pris au dépourvu.

— Il me faudrait des indices. Alors, recommençons à zéro. Tu entres dans la maison par la porte arrière, j'dirions, t'entends rien et tu vas dans le salon. Tu te précipites à l'étage…

Le shérif se permet de tutoyer le chercheur : ce dernier est un enfant du village, n'est-ce pas ?

— Quelle bande de putains de salopards ! Il faudrait les canarder, putains de putains de morveux.

Quand Henry a découvert les corps, il a téléphoné à la police, à contrecœur. Son esprit lui avait ordonné de fuir, de disparaître, comme il se le permettait quand il faisait les cent coups dans son enfance.

— Aut' chose ? insiste Bish.

— Non.

En arrivant sur les lieux du méfait, la police s'était vite rendu compte qu'elle n'avait pas à sa disposition un expert photographe. La collectivité n'avait pas assez de valeur sur le plan politique pour financer un poste de police de façon plus substantielle. Comme tous le savent, le pouvoir public n'allait pas engloutir plus d'argent que nécessaire dans cette communauté de 900 habitants (« 900 moins 2 », spécifiera Mike). Il avait déjà déboursé massivement pour le Labafadas à un endroit où logiquement aucune université ou branche de celle-ci ne devrait se trouver. À présent, les autorités, redevables de codes d'éthique officiels, préfèrent dépenser l'argent des contribuables et les fonds d'aide internationaux pour couvrir des délits, des pots-de-vin et des manigances politiques. C'est ce que Mike et une partie de la presse prétendent. À bas les décideurs de Washington. Bande de dégénérés, oui monsieur.

La nouvelle s'est répandue dans le village comme une traînée de poudre. Quelle est cette lueur argentée qui émanait des deux corps ? demande-t-on. Y avait-il des traces de violence ? Les portes étaient-elles ouvertes ou fermées à clé de l'intérieur, et une fenêtre a-t-elle été brisée ? Y avait-il un signe d'effraction ? Oui, assure un villageois, non, prétend l'autre. Et puis, s'il y avait une cause surnaturelle ou même extraterrestre ? Et si le Labafadas avait créé des crabes ou des pétoncles tueurs géants ? On ne sait jamais. Peut-être que l'enfant a été victime d'une expérience scientifique qui a mal tourné, qui sait ? Des analyses toxicologiques seront effectuées, des scans approfondis seront réalisés, affirment les plus aguerris de la bourgade. C'est le shérif Bish qui le jure sur la tête des villageois.

Fukuyu (nommé Dr Ping Pong par les locaux) vient à la rescousse. Il est un homme d'une quarantaine d'années (lui aussi), pas plus gros qu'un cure-dent, un mètre cinquante à peine, le pied marin, qui se brosse rarement les cheveux ou les dents, peut-être pour avoir l'air d'un rescapé de tsunamis d'articles scientifiques. Il servira de photographe officiel. Le bas de sa chemise blanche et froissée s'est retiré de son pantalon noir, donnant l'impression qu'il s'est habillé à la hâte. Souvent, le matin, les villageois observent ses promenades sur la grève, où il prend des photos de coquillages et de poissons flasques. Il se repaît des levers de soleil, qui, à Tokyo, n'existent pas, car ils sont cachés derrière des monticules d'acier, de néons, de bitume et de béton. Au début, il a eu du mal à s'adapter à une langue étrangère et encore plus de mal à comprendre le patois local. On le corrigeait régulièrement. Par exemple, là où il s'expliquait : « j'aime jouer avec ma verge », les villageois s'empressaient de lui enseigner ce qu'il voulait vraiment dire : « j'aime jouer sur la berge, j'dirions ». On s'attendait bien à ce qu'il prenne des photographies dans le cadre de ses fonctions de chercheur en biologie marine, mais pas à ce qu'il aide la police d'une manière ou d'une autre et pire encore, au pied levé. Au Japon, il avait un comportement très protecteur, s'assurant toujours que son étudiant préféré se pliât à la conformité universitaire inflexible typique de la culture nippone. Il gardait constamment un œil sur lui, mais un jour l'étudiant en question fut retrouvé sous la forme d'un glaçon dans le congélateur géant du laboratoire du département des études océaniques de l'Université de Tokyo. On conclut à un malheureux accident. Il se serait enfermé lui-même après y être allé avec une poupée gonflable.

— Ce départ vers l'au-delà me rend triste, avait déclaré le savant japonais déconfit, en hochant la tête plusieurs fois de suite, tel un mouvement de balancier vertical, *haï, haï* [3], je considérais ce jeune comme mon dauphin.

Fukuyu a un penchant inné pour l'obéissance. Il s'interdit de dire non à la police ; il se considère comme « pieds et mains liés », dira-t-il. Non, non, pas question de dire non. Dans cette communauté serrée, les procédures standards sont laissées pour compte, budget oblige. Presque tout le monde connaissant tout le monde, les formalités n'ont pas leur place. Pourquoi les artisans du système capitaliste seraient-ils les seuls à se permettre de faire fi des règles et de recourir à de mystifiants protocoles ? Fukuyu assiste à l'entretien entre le shérif Bish et Henry, qui se connaissent de longue date. Debout, il observe discrètement la scène, posant son regard tantôt sur Bish, tantôt sur Henry, captivé par la conversation qui peine à exister. Ses sourcils se froncent légèrement alors qu'il se penche subtilement en avant pour capter les mots, les nuances de ton et les inflexions de voix. Il croit détecter là des signes de complicité, là de déception. Il imagine des scénarios du possible et de l'impossible.

— T'as point remarqué quoique chose d'inhabituel ? s'enquiert Bish.

— Non, répond Henry.

— T'es sûr de ça ?

— Je n'ai pas... La maison de John a toujours été en désordre, que je sache.

— J'comprends, j'dirions… et du coup, t'as point vu personne dans les parages ?

— Bêêê non. Il y avait un bébé qui pleurait.

— Un bébé ? John avait un bébé dans sa maison ?

[3] Oui.

— Mais non, un bébé, au loin.

— Un bébé abandonné ?

— Mais enfin, shérif, allume tes lumières à l'étage !

Henry est exaspéré. Il essaie, avec le dos de sa main droite, d'empêcher les gouttes de sueur coulant de son front d'atteindre ses yeux rougis de tristesse. Des mots fragiles se bousculent dans sa tête ; il a du mal à les exprimer. Sa voix, éraillée, lutte pour rassembler les morceaux éparpillés de sa mémoire traumatisée. Il doute même de sa propre innocence.

— John aimait son intimité. Il n'a jamais beaucoup parlé, le portrait tout craché de son père. C'est un trait de famille, comme on sait. Son père tenait cela de ses parents et du facteur. Un « facteur de chance » comme disait sa mère, lequel facteur était le beau-frère de ma tante du côté de ma mère, celle qui travaille à la boulangerie et qui est la cousine par alliance du frère de sa meilleure amie, tu sais bien…

La maison de John donne sur l'océan Atlantique qui lui déverse son vent salé, son bruit de vagues, son horizon. À cet endroit, les voisins sont éloignés les uns des autres et peu d'arbres survivent à l'implantation de colonies de maisons. La théorie dominante, selon plusieurs docteurs-chercheurs en biologie du laboratoire, est que les pêcheurs abattent les arbres par besoin de voir clairement le rivage afin de se guider lorsqu'ils pêchent. Mais il y a plus, ils doivent aussi surveiller leurs femmes de loin. Comme l'exprime Mike à sa manière : quand les las poissons-chats ne sont pas là, les souris sourient.

Henry se lève pour quitter le poste de police, meurtri et dangereusement troublé.

Il se retourne et précise :

— Je crois que je me souviens d'un détail.

— Un détail ? Quel détail ? Détail ? Le bébé ?

— Ce bout de papier entre les dents… de John.

— Il s'était mis quelque chose sous la dent ?

— Un bout de papier.

— Quel bout de papier ? Entre les dents ? Un détail ? Entre les dents du bébé ?

Henry sort le bout de papier de sa poche et le donne au shérif Bish, qui le lit :

« Quand, j'dirions, je serai parti
Ne pleurez point, putain, putain de bordel !
Quand je ne serai ni là ni ici
Ne vous ennuyez point du train-train habituel
Il y aura toujours ce goût du lendemain, futile
Mais gare ! Gare ! Un lendemain, y aura-t-il ?
Et lorsque vous verrez une belle femme
Lorsque vous serez tenté par ses charmes
Ne vous laissez point tromper par ses mamelles. »

Le flic lève la tête en tenant le papier des deux mains comme s'il s'agissait de la pierre de Rosette.

— Bêêê, mais quoique c'est que ça veut ben vouloir dire ?

***

Gerry G. Gargel ne se doute de rien. Du haut de sa tour d'ivoire en plein centre de Manhattan, il échange des idées sur vidéoconférence avec des personnalités qui jouent un rôle clé dans la politique nationale et internationale. Il y a un sénateur de l'Ohio qui est en train de débattre des programmes sociaux et de la violence policière contre les minorités aux États-Unis (y compris, bien sûr, les Noirs, mais aussi les hispanophones et certains groupes asiatiques). Il y a un membre de la Knesset, le parlement israélien, qui tente de réconcilier les ambitions territoriales d'Israël avec son désir de vivre en paix parmi ses voisins arabes. Sont aussi présents : un éminent membre de la Commission européenne, un scientifique universitaire lituanien et un ministre nippon, entre autres. Ce dernier cherche à s'intégrer bien qu'il ait du mal à prononcer les « l » et les « v » parce que ces consonnes n'existent pas en japonais ; il s'acharne en conséquence. Il balbutie « C'est abec un gland plaisil que je me joins au bout ». On le corrige bien sûr et il rectifie le tir : « C'est avec un grand praisir que je me joins à vous ». Au menu des discussions, la possibilité de créer une école internationale qui accueillerait des étudiants de tous âges et de tous horizons, pour une période de six mois au maximum et dans laquelle seuls des sujets liés à la situation au Moyen-Orient seraient traités. Une sorte de groupe de réflexion visant à créer des ponts.

La politique, c'est beau, mais ça ne produit que des solutions politiques, lesquelles sont la plupart entachées de corruption. Or, le fond du problème, argumente G. G. Gargel, n'est pas de cet ordre : il est humain. Les peuples doivent apprendre à se connaître les uns les autres. Plus exactement, les hommes, femmes et enfants du monde doivent interagir, plutôt que de s'entretuer. Ceux qui veulent le bien méritent de vivre en paix. Soit, New York n'est sans doute pas le meilleur exemple. La violence y est endémique, les gangs pullulent, les ségrégations foisonnent, les strates sociales sont éparses et antinomiques. Les ultra-riches jouissent de la vie, la classe moyenne se morfond dans un labeur quotidien peu rémunéré et les pauvres sombrent chaque jour davantage dans le puits de la misère. Le Metropolitan Opera brille de toute sa gloire avec ses tragédies lyriques où la mort est glorifiée, tandis que cinquante mètres plus loin des jeunes déifient les armes blanches et se disputent le contrôle des canaux de distribution de la drogue, du sexe et des marchandises humaines. Ah ! Elle est belle, la grosse pomme ! Quelle tromperie publicitaire !

Et puis, certaines communautés religieuses ne sont pas les meilleures adeptes de l'intégration sociale, il faut bien le reconnaître. Sans doute G. G. Gargel symbolise-t-il une certaine ostracisation de groupes religieux uniques, mais son rôle ne consiste pas à s'autocritiquer. Il veut promouvoir les intérêts des défavorisés auprès de la société américaine par tous les moyens possibles. Il connaît tellement de gens haut placés et côtoie tellement de grandes fortunes que force est de naviguer sur le fleuve des événements mondains, des collectes de fonds, des conférences scientifiques, des comités d'administration. Et puis, les barons de la drogue mexicains le paient très cher pour son activité de lobbying... directement dans un compte bancaire en Suisse.

Les escapades de G. G. Gargel à son chalet-palais, non loin d'Old Sunnybrook, lui apportent toujours un repos bien mérité. Pourquoi pas ? La vue sur l'océan Atlantique est saisissante. L'été, le tapis marin, bleu, se confond avec le tapis vert de son domaine hautement protégé, garni de fleurs et d'arbustes exotiques dont une armée de jardiniers triés sur le volet s'occupe avec soin et expertise. L'hiver, les rafales de vent lui font savourer la chaleur de son foyer et goûter au silence que percent les grésillements du feu. Près de l'âtre, il lit régulièrement le journal local, par simple curiosité.

Le 22 juillet 2022

Morts inhabituelles à Old Sunnybrook

Le journal local d'Old Sunnybrook annonce que le maire de notre ville, qui incidemment vient de s'acheter une BMW 625 neuve, déplore le décès subit de John Bish et de son petit frère de huit ans, dans des circonstances non élucidées. John n'avait pas d'ennemis. Il n'avait pas de dettes ni de mauvaises fréquentations, semble-t-il. Il n'avait pas été menacé dans un passé proche ou lointain. Il n'était pas accro à quoi que ce soit. Rien de rien, non, on n'y comprend rien de rien, ni le bien, ni le mal, tout ça nous dresse le poil.

Notre John et son frère laissent dans le deuil leurs parents, leur famille élargie, soit les trois quarts de notre communauté de pêcheurs chérie, y compris leur cousin, notre shérif Bish, selon lequel il y a anguille sous roche, mais laquelle ? Il ne le sait pas encore. Il a commencé à scruter les antécédents du jeune John, à faire une enquête de voisinage, à vérifier où son téléphone a récemment borné et à démêler les faits. « Affaire à suivre, j'dirions », a-t-il conclu.

La vie est belle et précieuse, une symphonie d'expériences qui émerveillent et nourrissent tout un chacun. Elle est faite d'un tas de petites choses simples et de moments délicieux, de sourires d'êtres chers, du son des vagues, de la chaleur d'une tasse de café tôt le matin, du parfum enivrant des fleurs tapissant les jardins. Elle est remplie de souhaits et de joies, elle parcourt les rues, silencieuse mais présente. Elle se partage, se donne, mais toujours, toujours, elle restera éphémère.

Ah, que je me sens bien, se dit le Dr Gargel à lui-même.

***

Dans son commerce *Life is a Splash*, Mike distrait Kakahuet et Bourdonelle. Elles dégustent ses succulentes bisques au homard accompagnées d'inhalateurs et de ses fameux monologues. La Dre Bourdonnet est une Française issue d'une lignée lointaine d'Huguenots. Elle a fait ses études aux États-Unis où elle a développé son concept du complot gouvernemental. Du coup, voilà ! Elle a une passion insatiable pour la politique. Sur les blogues qu'elle chérit, elle a, pleine d'expectatives, contacté des groupes extrémistes, connus pour leurs soulèvements violents et même soupçonnés d'inciter à des assassinats politiques. Plusieurs heures par jour, elle se penche vers l'avant, le dos droit, raide, tandis que ses doigts manucurés s'activent frénétiquement sur le clavier, comme s'il fallait qu'ils attrapent les lettres avant qu'elles ne disparaissent à jamais. Elle a aussi tenté dans un passé récent de rejoindre un groupe de partisans luttant farouchement, selon eux, pour leurs droits historiques d'une manière académique, la guerre des mots et des concepts étant privilégiée. Échec total. Déception. La violence est ce qui se fait de mieux. Les sites Web du genre *dark cloud* défilent devant son regard à l'affût, souvent jusqu'aux petites heures du matin.

D'après la Dre Hélène Bourdonnet, tous les ingrédients pour l'expression publique de la faute étatique sont en place. Au pouvoir, il y a des renégats qui ne comprennent pas que la puissante Amérique blanche est en train de se diluer, de se colorer, de se trahir elle-même. Elle n'a pas participé à l'assaut du Capitole et le regrette amèrement ; elle était trop occupée ce jour-là à prendre soin de son corps de Barbie. Au début de sa carrière de professeure-chercheure à l'Université de Miami, une des plaques tectoniques tournantes de la drogue produite en Amérique latine, barricadée dans son bureau universitaire ou chez elle, le plus loin possible de relations humaines décentes, elle cherchait sa vocation. Elle ne bénéficiait, comme force motrice, que de la haine pour son gouvernement et son système de pseudo-justice. Comment faire comprendre que les hauts gradés de Washington sont pourris jusqu'aux os, qu'ils sèment volontairement le chaos pour qu'une poignée de privilégiés en profitent impunément, qu'ils mentent à tour de bras lors de ses conférences de presse, que le citoyen moyen paie des taxes pour des Gerry G. Gargel, que le pays est une passoire à immigrants latinos et autres, tous venus voler les Blancs et semer la terreur urbaine ? C'est quoi sa prochaine taxe ? Une taxe sur les flatulences ? *Heil* Hitler : « H » comme dans Hélène. Hitler aurait dû gagner la guerre et poursuivre l'holocauste ! Après avoir déniché un emploi comme chercheure en biologie marine au laboratoire d'Old Sunnybrook, elle a formé le groupe d'extrême droite *La Colère des Frontières*, qui a rapidement développé des ramifications dans le centre sud des États-Unis. C'est elle qui a fait manufacturer les bombes artisanales qui serviront aux missions de *La Colère des Frontières*. Elle en a un stock imposant chez elle. La belle Dre Bourdonnet : une hypocrite qui va vous causer des emmerdes, diront les mauvaises langues, y compris celles qui ont goûté à sa chair. Elle laisse du pourboire, mais surtout lorsqu'elle a une idée en tête, comme convaincre un acolyte de se joindre à son mouvement revendicateur. Les immigrants illégaux qu'elle n'a pu contrecarrer dans le sud de la France, elle les a remplacés par ceux des pays d'Amérique latine. Pourquoi pas ? C'est du pareil au même : ils foutent le bordel. Avec un salaire aux États-Unis qui est le double de celui qu'elle gagnerait en France, avec plus de vacances et de fonds de recherche, elle serait bien sotte de vouloir retourner dans son pays d'origine, qu'elle a quitté dès son adolescence.

Mike est debout derrière son comptoir. Il essuie quelques verres et assiettes brûlants sortis du lave-vaisselle, pendant que sa femme Joy s'attarde dans la cuisine.

— Tu sais, ma jolie, disserte Mike en s'adressant à Kakahuet, en s'approchant et en se penchant au-dessus d'elle, laissant son haleine infeste l'envelopper, la compétition pour la survie est féroce mais j'y suis habitué : je me suis toujours battu pour survivre. On est tous des meurtriers au premier degré, pas par accident ou sous prétexte de légitime défense. Par nature. Par nature, ma p'te Kakahuet. Ouais. On essaie tous de se nuire les uns les autres et, sans relâche, de se donner un coup de poing sur le menton psychologique. Le bâton indien atterrit sur le tarmac appétissant d'un crâne chauve en Inde (pense à Gandhi), une gifle rapide foudroie une joue à Bethléem (pense au Juif Jésus). Un marteau, grand ou petit. Une hache, tranchante ou émoussée. Un fusil, lourd ou léger. Un bulldozer. Une grenade à main. Un Panzer. Ou même une arme de destruction massive. Ma parole ! L'humanité chérit l'autodestruction.

Il lève son verre de bière vers le ciel.

— C'est ça, ma jolie, la vérité. Et le prochain à recevoir un coup sur la gueule, c'est le foutu gouvernement. On l'aura cette fois-ci. Rappelle-toi de ce que l'Histoire nous enseigne : même les invincibles peuvent être vaincus.

***

Fukuyu se détend chez lui, sur le balcon de sa demeure de plain-pied avec vue sur la baie et dont les pans de bois souffrent des attaques du temps, du sel et du vent. Il partage un saké chaud avec quelques amis, si tant est qu'on puisse se faire des amis dans ce coin du monde si loin du Japon. Il regrette, dit-il, d'avoir abouti dans ce bled déjanté et d'être forcé de coopérer avec la police. Il a dû faire face à leurs bizarreries, il a dû prendre des photos d'une scène de crime des plus intrigantes pas plus tard que la semaine précédente. Il avait cru à tort que le village lui offrirait du réconfort pour les années à venir, même jusqu'à sa mort et bien après. Il s'était trompé. Voilà que ses rêves s'écroulent. On le détourne de sa responsabilité professorale.

— Vous avez sans doute besoin de vous joindre à un groupe, besoin d'appartenance, recommande Bourdonelle, en caressant doucement le Dr Arafat, son bichon frisé. Voilà ! Ne vous inquiétez pas, ça va marcher.

— J'ai quitté le Japon parce que je ne pouvais plus supporter ce lourd fardeau social de devoir me conformer constamment aux groupes.

— Mais vous avez des idées sur le changement, le changement politique, je veux dire ?

— Pas vraiment, Bourdonelle-san, soumet Fukuyu avec sa voix frêle habituelle[4].

Fukuyu abhorre les querelles locales et internationales, du moins, certaines d'entre elles. Il craint de se retrouver malgré lui à témoigner devant un tribunal criminel, à discuter des détails effrayants de telle ou telle image liée au meurtre récent de John, à débattre des vertus de la lumière, de la focalisation et des angles, à trouver une explication au meurtre d'un garçon de huit ans. Cela le dégoûte. Il ne veut pas prendre le risque de trafiquer le lieu du crime à cause de son manque d'expérience (du moins, en tant que photographe). Il n'aime pas devoir se plier aux méthodes procédurales non professionnelles de la police locale, qui diffèrent tellement de celles du Japon, selon lui. Bish laisse de côté les procédures essentielles d'une enquête policière pour de médiocres efforts d'investigation, par incompétence ou, qui sait, pour un motif qui lui échappe ?

Auparavant, Fukuyu s'estimait être un photographe de la nature, certes, mais pas de cadavres humains, talentueux avec ça. Un *sensei*, il aime dire qu'il appartient à la confrérie académique, pas à un groupe terroriste. Il est l'auteur d'une dizaine d'articles savants, que certains membres de la communauté académique ont d'ailleurs lus pour s'endormir rapidement, à défaut d'avoir des somnifères puissants sous la main. En plus de ses articles les plus adulés sur le comportement des dauphins, il en a écrit sur les baleines et les cachalots ; à preuve son article *Les schémas suicidaires de Moby Dick ou comment le Paragardius tricuspidatus a détourné ses connexions neuronales – analyse causale éthique, proleptique et prophylactique.* Grâce à cet article, affirme-t-il, il a prouvé que personne ne comprend mieux que lui comment les

---

[4] *Note d'un inconnu* : Certaines sources affirment que cette voix du Dr Fukuyu résulte d'un malheureux accident. Il pratiquait, tout nu dans son salon, le ken-jutsu avec le sabre original du grand maître samuraï Ôshitoketetsunkomodo Tet-suntoto lorsqu'un moustique se posa sur ses testicules.

baleines jouent entre elles et communiquent avec des arias raffinés ni comment elles se nourrissent de shabu-shabu, de sushi et de sashimi planctoniques.

— C'est dommage que vous vous sentiez seul, Dr Ping Pong, rajoute Joy, qui est là avec son mari Mike. Vous savez, y a des causes qu'il faut défendre. Par exemple, vous, les Japonais, vous n'aimez point tellement les gaijins, les étrangers ou les Aïnumachins, on sait ça, j'dirions.

— Je me contente de mes articles.

Bourdonelle en a adoré la lecture, assure-t-elle.

— Ces articles sont d'un génie !

— Vous croyez, Bourdonelle-san ?

— Ah, mais je ne le crois pas, j'en suis persuadée.

Persuadée mon cul, pense Joy. Bourdonelle encourage Fukuyu à poursuivre ses recherches des plus sophistiquées sur la transformation de l'écosystème marin. À son insu, cependant, elle dénigre souvent son travail (*un vrai pois chiche !*) pour montrer aux autres académiciens ou même à certains villageois à quel point elle le surpasse en tant qu'universitaire.

Lors d'une bataille de tranchée sur le contrôle de la prostitution à Tokyo, une bombe artisanale avait par malchance arraché le bas d'une jambe du Dr Fukuyu alors qu'il mettait sa Toyota Prius en marche. Il apprit que cela n'avait pas été un attentat fortuit : les Yakuzas lui en voulaient et tenaient à lui faire payer d'avoir trahi, jugeaient-ils, un membre de leur groupe criminel à la police, ce qui était archifaux. On s'était trompé d'identité. L'individu réellement visé avait les cheveux noirs et les yeux bridés, tandis que Fukuyu, lui, avait les yeux noirs et une allure débridée. C'est à la suite de cette expérience traumatisante qu'il avait mis pied à terre (le seul qui lui restait) dans le bled, où il comptait refaire sa vie et où il fit rapidement connaissance de celle qui deviendrait sa femme, la Dre Laverge. Une Américaine de près de deux mètres de haut et d'un mètre de large, d'allégeance révolutionnaire (il le découvrira plus tard) et adversaire acharnée des talons hauts (heureusement). C'est elle qui conçut le plan du tunnel, prétextant qu'en tant qu'enfant de la région, elle en connaissait les moindres parcelles. En bref, le savant nippon était retombé sur son pied.

— J'appartiens à un laboratoire mi-prison, mi-aile psychiatrique, partage Fukuyu avec ses invités, tous grisés par le saké qui coule à flots. Bol au-dessous d'un nid de kuku.

— Ne vous inquiétez pas, Dr Fukuyu, préconise Bourdonelle. Je vous le dis, ça va marcher.

— Peut-être, mais sachez que même si je connaissais le nom de la personne qui s'en est pris à John et à Matthew, je ne le révèlerais pas. Étant donné mes expériences passées, je suis contre les actes de fellation.

— Oh, le pauvre ! ne peut se retenir de s'exclamer Mike.

— Vous voulez dire « délation », corrige prestement Bourdonelle.

— *Haï*, oui, bien sûr. *So desu ne*[5].

— Vous vous intégrerez. Vous vous êtes déjà merveilleusement bien adapté à notre langue et à nos habitudes. Vous serez bientôt un membre de notre communauté à part entière, comme un sashimi dans l'eau.

— Je ne sais pas si j'ai ce qu'il faut pour prendre ces photos macabres ; on me croit, d'après ce que j'ai entendu… comment dit-on… chiche ?

Un chercheur archichiche chuchotant, pense Bourdonelle.

— Ces meurtres, la situation, tout ça… ça chauffe, remarque Mike.

— *Haï !* Mais comme l'a dit un célèbre samouraï, Ôshitoketetsunkomodo Tetsuntoto, « Quand ça chauffe, celui qui suera saura. »

— Dr Fukuyu, vous vous adapterez.

---

[5] C'est ainsi.

Pas le choix. Le shérif Bish a été clair : ses services seront très probablement de nouveau requis. « On est une petite communauté ici, j'dirions », avait expliqué Bish, « on s'entraide tous. On n'a point jamais eu un crime comme ça. Y'a presque point eu de meurtres depuis des décennies, du moins d'aussi loin que j'me souvienne et j'ai la mémoire courte, j'dirions ».

— Ça me fait une belle jambe ! se plaint le docteur nippon.

Fukuyu, Bourdonelle, Mike et Joy (qui, elle, n'a pas de doctorat et est donc un être lilliputien même si elle s'efforce de parler savamment) bavardent sur le balcon arrière de la maison simplette louée à peu de frais. Laverge les rejoint après avoir préparé sans soucis ses sushis chéris dans la cuisine. Le soleil se couche derrière un rideau de brouillard opaque, phénomène courant sur la berge. Une teinte bourgogne profonde et puissante, qui rappelle le sang et se dilue dans l'immensité argentée de l'océan, envahit soudain le ciel ombré. John et son petit frère se tiennent là, sans rien à faire ni à penser, à part drainer du haut du ciel ce sang maudit après s'être tailladé les veines des poignets.

Fukuyu, abattu, dévisse une autre bouteille de saké et en boit le contenu. Sa femme, qui mélange curieusement les tenues et manières américaines provocantes et les tenues et les manières japonaises réservées, le scrute sans savoir quoi penser. Les collègues aussi le lorgnent en silence. Voilà un chercheur qui devrait se rallier à une cause, pensent-ils tous secrètement. Le seul, parmi tous les universitaires du laboratoire, qui a échoué au laboratoire sans but précis, outre celui de fuir son pays d'origine et sa conformité légendaire.

La Colère des Frontières... j'en ai rien à balancer de ces enfoirés d'extrême droite. Mais il se sent obligé de faire partie du groupe terroriste, sens inné d'appartenance à la communauté de Laverge, oblige.

Par le passé, lors d'un accident malencontreux, il a déjà tué un étudiant qui n'était pas d'accord avec lui. Il ne faut jamais le pousser à bout et surtout, ne jamais lui faire un pied de nez.

***

Plusieurs personnes assistent à la mise en terre du corps de John et de Matthew dans le cimetière situé à la périphérie du village. Exceptionnellement, une poignée d'entre elles ont sorti leurs plus belles armes : Glock, Colt et même des Winchester, question de faire valoir leurs droits face au tragique destin. Le cimetière a survécu au fil des décennies, malgré les intempéries et l'expansion tentaculaire du territoire qui a vu naître les chalets de citadins, faisant ainsi disparaître la mémoire des ancêtres qui habitaient ce recoin du globe. Une clôture de bois blanche d'un mètre de hauteur l'entoure. Elle délimite une partie plate du terrain, non loin de l'océan. Les tombes, modestes et discrètes, se dressent avec grâce, chaque croix racontant une histoire unique. Des bouquets de fleurs fraîches déposés avec soin reposent depuis quelques jours dans la brise marine. Les vagues s'agitent. Les rayons du soleil jouent à travers les feuilles des arbres lointains, créant des jeux d'ombre et de lumière qui offrent un décor animé aux endeuillés, vêtus de noir ou de couleurs sobres. Ils déambulent lentement, presque méticuleusement. Certains s'arrêtent pour se recueillir, leurs âmes embuées de souvenirs et d'émotions, tandis que d'autres prennent le temps de méditer sur la fragilité de la vie et l'éternité de l'âme. Les femmes pleurent. Les hommes les soutiennent par les épaules. Les villageois ont coutume de dire que les défunts peuvent entendre les vagues, s'ils sont vigilants, évidemment. Des galets arrondis par l'érosion sont éparpillés sur la berge comme un tapis bosselé. Cachées parmi eux, ici et là, se trouvent les coquilles vides de créatures marines, crabes, pétoncles, huîtres.

Le vent se met à souffler. Les goélands, ainsi le raconte parfois Mike aux touristes occasionnels avec son humour caustique habituel teinté d'alcool, vérifient d'en haut les occasions de déféquer sur leurs têtes. Comme il le professe parfois aussi à ses clients académiciens qui veulent bien l'entendre, « la merde vole mais les écrits restent ». Rires gras partagés par tous. Ah, ah, ah !

Les villageois ont placé Matthew dans un cercueil tout simple et John dans un cercueil en bois, sans peinture ni vernis, simple lui aussi ; ils y ont ajouté son fusil de chasse préféré. Ses parents veulent que tous gardent une image de lui qui mette l'accent sur son dévouement à une vie de peu de richesse. Ses amis se souviennent de John comme d'un homme costaud, une sorte de géant doux, mais avec des réserves de stéroïdes et de testostérones prêtes à faire surface. Tout chez John, décédé tragiquement à l'âge de dix-neuf ans, était instantané, superficiel et sans effort ; il se masturbait en rêvant et rêvait souvent sur son lieu de travail.

Des mots sont jetés en pâture par Zschmuk à la foule en deuil, assoiffée de compréhension et de vengeance. Il bénéficie de l'absence d'un pasteur au village et se fait volontiers le représentant psychanalytique d'une divinité sans nom. Habillé de noir, il polit ses phrases à la cire du monothéisme universel, en joignant les mains au niveau de sa poitrine. Il déclare, en levant l'index de la main droite vers le ciel :

— Tentons, chers amis, de combler ce fossé entre les vivants et les morts, tous deux soumis à la puissance incommensurable de Dieu. Ici, l'odeur du sel frappe. Le sel de l'océan. Mais il y a aussi le sel des larmes que vous versez sur le cercueil de notre ami John et de son petit frère, Dieu l'a souhaité ainsi… Oh pardon !

Il répond nerveusement à son portable qu'il sort précipitamment de la poche de son pantalon et entretient des pourparlers avec… Dieu sait qui, laissant le discours funéraire béant pendant plusieurs minutes, puis reprend :

— … Le bruit et le silence, la liberté et la dépendance, l'amour et la haine, tout peut être potentiellement dangereux. Ce n'est qu'en priant et en faisant confiance à Dieu que nous pouvons chercher la rédemption. Il en est de même pour John et son frère cadet, ses assassins et nous tous.

Ses assassins ?

Les coéquipiers de l'équipe de basketball de John, qui n'ont pas vraiment compris le discours de cet érudit, rendent un dernier hommage, empreint d'une componction insaisissable, à son talent offensif. Légèrement derrière eux, à peine détectable, le shérif Bish scrute, la tête haute, avec des yeux comme des rayons X, cherchant des indices tandis que les gens parlent. *Et si un traître se terrait parmi nous, j'dirions ?* se demande-t-il.

Non loin de là, près d'un vieux chêne, alors que les âmes en deuil surplombent les cercueils qui s'enfoncent dans leurs derniers repos, deux personnes ont une discussion nourrie de ressentiment :

— Vous tenez bon, Dr Henry-san ? demande Fukuyu.

— Je me vengerai.

Le dos voûté, Henry quitte le cimetière, la tête baissée et enclavée entre ses épaules, les mains dans les poches. La sexy Bourdonelle le rejoint prestement et sans hésitation. Elle le saisit par le bras et tous deux disparaissent comme s'ils entraient dans une autre dimension, poursuivis joyeusement par le Dr Arafat, qui, comme Henry, branle la queue.

***

S'étant mise à l'écart dans le tunnel-caveau et après s'être soulagée dans le bocal servant de bidet, Bourdonelle regarde ses complices. Il faudra se relayer et continuer de travailler dur. Pas question de revenir en arrière : le passage est bloqué et personne ne sait sur quelle distance le tunnel a été endommagé par l'éboulement. En amont, il reste peut-être deux mètres à creuser pour atteindre, si les plans sont bons, l'autre côté de la clôture de la propriété vacancière de l'infâme G. G. Gargel, ce qui mènera à la liberté de se faire exploser au milieu d'une foule de badauds hauts placés, qui ne se douteront de rien. C'était un plan parfait jusqu'à l'éboulement malencontreux. Une sorte coup de blizzard bizarre du hasard. Un destin blafard qui n'était pas destiné à ces justiciers de l'Amérique blanche.

Bourdonelle aurait voulu pouvoir s'habiller de manière aguichante et révélatrice, en femme digne de ce nom et de ce rôle. « Dehors », c'est-à-dire dans le village, à l'air libre, elle aime se parer de boucles d'oreilles brillantes, d'un collier de saphirs et d'un bracelet en cuir sur lequel est gravé le nom du groupe d'extrême droite qu'elle a fondé, *La Colère des Frontières*. Zschmuk s'approche d'elle, sans savoir quelle heure il est ; l'heure du brunch matinal habituel avec odeurs de café colombien et croissants ou soirée avec relents de tisanes ?

— Comment allez-vous ?

Bourdonelle ne désire pas vraiment s'engager dans une argutie mondaine ou intellectuelle et, en plus, elle a des sentiments ambigus. *N'est-il pas étrange que cet étrange étranger complètement timbré (et pour cause) et qui cause, épouse la cause qui est en cause, en tout état de cause, à cause de MA cause ?* pense-t-elle, avec un léger mal de tête. Il avait fini par la convaincre et avec elle les autres membres du groupe, que seule la présence d'un Juif ultra-orthodoxe dans leur cellule terroriste ferait comprendre à l'Amérique ce qu'elle refusait d'admettre. Les Juifs contrôlent les finances du pays et ils sont contre les immigrants illégaux, cette sous-race humaine qui devrait macérer dans sa misère. C'est bien ce qu'ils méritent. Et de discussions scientifiques, elle n'en veut pas avec cette tête enflée qui manque rarement l'occasion de rappeler aux autres l'apport intellectuel de sa communauté à l'histoire de la civilisation, allant d'un Jésus sauveur allégué à un Freud névrosé, d'un Einstein pédant à un Bernard Madoff qui avait révélé à la planète entière le véritable visage de la juiverie avec son escroquerie sans bornes.

Voilà le dilemme qui la cisaille : tant d'apports et de torts cumulés. En vérité, elle n'a pas grand-chose à offrir en termes de résultats et de débats académiques. Elle a obtenu son doctorat dans une université de seconde classe, en Floride, en échangeant des faveurs pas purement intellectuelles avec son directeur de thèse, lequel, à propos de ces incidents inopportuns, avait souhaité, justement, qu'elle se taise. Ce dernier la trouvait particulièrement juteuse et comme Mike le rapporte parfois à ses clients villageois, « avec la juteuse Hélène, on aime se la couler douce à deux ou même à Troie ». Rires gras. Ah, ah, ah ! Bourdonelle n'a jamais gagné de prix scientifique et encore moins une distinction quelconque. Son doctorat, elle l'a eu en jouant à Cléopâtre dans le royaume universitaire des pensées et des données souvent falsifiées et des découvertes scientifiques mises au goût du jour afin que les savants de moindre talent trouvent de quoi déblatérer dans des revues académiques. Dépitée par ses limites intellectuelles, elle a concentré sa carrière sur le rôle de l'éternelle victime et a cherché le réconfort dans le cœur enflammé, l'esprit noueux et les bras jaloux des amoureux potentiels, qui se sont multipliés avec les années.

— Du coup, pourquoi John est-il monté vers sa chambre ? Je veux dire, la chose logique aurait été de sortir en courant, vers la porte arrière, je ne sais pas moi, s'il sentait un danger, celle qu'il avait l'habitude d'utiliser pour entrer et sortir de chez lui et qu'il ne laissait jamais verrouillée, pourquoi ?

Fukuyu admire les jambes belles, bien que souillées de poussière, de sa collègue, lui faisant des yeux de merlan frit. À une distance généreuse, Kakahuet, qui, une heure plus tôt, a aussi servi de mets visuel aux papilles gustatives d'un autre homme (Mike en l'occurrence), scrute la scène, sans mot dire.

Laverge, femme du pays qui a gardé son accent local, s'approche du groupe où les regards de son mari semblent un peu trop aventureux à son goût. Elle aussi, épie, sans maudire.

— Vous vous posez trop de questions, j'dirions, et nous en avons déjà parlé, commente-t-elle.

— C'est vrai, confesse Bourdonelle.

— Tu parles ! ajoute Mike.

Fukuyu continue de déshabiller sa collègue de ses regards pervers, alors que son épouse se trouve à ses côtés ; un véritable casse-pieds celui-là. Lors de ces moments de délectation coupable et seulement durant ces moments-là, il ne regrette pas d'avoir accepté le poste au laboratoire, qui sert maintenant de terroir pour organiser une cellule terroriste composée de scientifiques venus de multiples pays. Bien que fagoté comme l'as de pique selon son habitude, il gesticule et coiffe de la main droite ses cheveux noirs comme du charbon et aux allures de serpillière pour se faire une beauté devant la proie potentielle. Laverge, elle, soit ignore les signes évidents d'une infidélité à venir, soit ne peut voir les faits à cause de ses paupières gonflées, soit fait la sotte, car cet affront la blesse trop. Il faut dire que la frustration sexuelle de Laverge a atteint un sommet : comme son mari nippon ne saisit toujours pas bien la prononciation « u » qu'il prend pour « ou », elle trouve qu'il s'acharne sur son cou, mais cela, à sa demande, explique-t-il pour justifier son obsession.

Une sorte de bourdonnement indésirable fait grimacer le visage du Dr Fukuyu, qui imagine qu'une geisha lui apporte un thé et des sushis sous l'œil espion de son épouse. D'ici trois jours, il n'y aura plus une miette, plus d'eau, plus rien.

— Saleté de pouilleux de fonctionnaires à la con ! s'exclame Mike qui coud et découd dans sa tête le fil de ses souvenirs, de ses questionnements et de ses certitudes passées et incertitudes présentes sur le sens de ce qui se… défile.

Bourdonelle s'enfonce, elle, dans la recherche de sens, une plongée dans l'insaisissable qu'elle pratique régulièrement. Elle se souvient que Mike l'a violée à Orlando, il y a plus de vingt ans. Il ne l'a toujours pas reconnue. À l'époque, elle portait occasionnellement des lunettes et une perruque tant elle avait honte de son emploi de vendeuse de vêtements à la mode, bien en deçà de sa valeur. Mais il fallait bien payer ses études, voilà ! Elle a bien changé aujourd'hui : elle a des cheveux de miel avec une raie au centre (de la tête), travaille comme chercheure scientifique et a des verres de contact colorés, pour se donner un éclat ésotérique qui rappelle des aurores boréales. Durant la nuit de l'agression sauvage, elle avait revu, malgré l'obscurité presque totale, la voix, les expressions et la façon de parler de celui qu'elle avait rencontré pour lui vendre une cravate, ce jour-là, au magasin. Sa poursuite en cour criminelle ayant échoué, à la suite de son désistement pour cause de dépression, elle avait attendu l'occasion de se venger. Elle savait que le jour où le bourg serait distrait, un jour rare où le vent et le sable auraient cessé de s'embraser, un jour où aucun témoin ne serait présent, son cœur meurtri où la haine toujours se consume, lui ferait plonger ses griffes implacables dans l'âme de celui qui l'avait tant blessée.

Elle trouverait bien un moyen, même confinée dans le tunnel et même si elle devait y laisser sa peau. C'est elle qui avait recruté les membres de la cellule terroriste, et ce, de manière calculée. Combien de journées et de soirées sacrifiées à élaborer sa stratégie, à peaufiner son discours, à faire courir son crayon sur des feuilles de papier, à agiter ses doigts sur les touches du clavier de son ordinateur ! Combien de fois est-elle aller chercher pressement un sandwich dans le réfrigérateur ou une boisson énergisante Red Bull, comme si la fin du monde dépendait de ses seules actions ! Elle avait retracé son agresseur parce qu'il avait payé sa cravate avec sa carte de crédit. Puis, elle l'avait débusqué à Old Sunnybrook (bien qu'il eût changé son nom à deux reprises en vingt ans) et s'était fait embaucher par l'Université Soho. Des recherches sur internet, le recours à un détective privé, des marchandages avec des employés du Département du Travail ou de la Justice, peu importe, tout pour accéder à des renseignements exclusifs, même une jouissive partie en l'air avec un haut dirigeant de l'université, autant d'efforts investis au fil des années pour arriver à ses fins.

Il paiera, ce fils de pute.

Pour l'instant, ce qui compte… au bout du compte, c'est que, peu importe l'éreintement, tous se remettent à la tâche et creusent, non pas le roc de leurs méninges, mais celui de la terre insoumise et de la liberté promise. Tous devraient se mettre au travail, oui, car le temps presse : Mike le sarcastique ivrogne et sa femme Joy, la pâle vengeresse Bourdonelle, la jeune et naïve Kakahuet, le photographe improvisé japonais Fukuyu et sa femme Laverge, Henry et le Zschmuk, ce bizarroïde orthodoxe biélorusse aux longues mèches bouclées que les enfants du village ridiculisent (*poils de rat !*) et l'homme qui dort encore d'épuisement, en retrait. Ils parlent, sauf ce dernier, à voix basse. Ils formulent une hypothèse après l'autre, mais rien n'est fait pour les priver d'une fin imminente.

***

G. G. Gargel mange un plat cachère dans son restaurant favori près du Washington Square, à New York. Le centre-ville est un cœur battant où les gratte-ciel majestueux renvoient le bruit constant des sirènes et surplombent les taxis jaunes qui parcourent les rues grouillant de vie à toute heure du jour et de la nuit. Autour du Dr Gargel, la verticalité des édifices est cisaillée là par de larges avenues, là par des trottoirs surmontés de panneaux publicitaires lumineux. Ce soir, les théâtres de Broadway pavaneront et des hommes et des femmes s'y précipiteront dans des limousines zigzagantes. Le Dr Gargel est toujours à l'affût, toujours sur ses gardes. La matinée a été pénible : il a eu à faire face à une mini-crise politique la nuit précédente et plusieurs intervenants ont sollicité son expertise depuis six heures de matin, en personne, par visioconférence, par téléphone. Parfois, admet-il, mes prières ne donnent rien. Même s'il est entouré par les deux millions de personnes qui peuplent Manhattan, il se sent étrangement seul. C'est un sentiment qu'il ne peut supporter. Il appelle le serveur, un grand mince qui trimbale des mains maladroites.

— Dites-moi, jeune homme, je ne suis pas sûr de vouloir payer.

— Ah non ? Pourquoi ? Vous n'avez pas aimé votre repas ?

— La soupe était froide.

— C'est un gaspacho.

— Peut-être, mais la salade était tiède, rétorque G. G. Gargel.

— C'est une salade tiède, monsieur.

— Oui, bon, mais je trouve ça un peu cher.

— Mais c'est du cachère, monsieur.

— Oui, bon, dans ce cas, je vais payer.

— Par ici, s'il vous plaît.

***

Mike se tourne vers le jeune homme endormi à ses pieds et, au lieu de se préparer à aller aider ses complices qui creusent le tunnel, il s'ancre encore plus confortablement dans sa position assise, à même le sol, et s'engouffre dans sa faconde. Un peu plus loin, le bruit des pics, saccadés, la pierre secouée puis brisée par la rancune et le désespoir. Les sacs en toile verts contenant les bombes artisanales et les fusils AK-15 sont quant à eux muets. Mike croit entendre le jeune homme gémir. Il est ambivalent. Contrarié, il examine sa montre qui s'est cassée lors de l'éboulement récent. Le temps a été réduit, sur cette mécanique de fabrication humaine, à une aiguille qui pend lamentablement, comme une corde de pendu qui appelle le condamné.

Il sort son portable de la poche de son pantalon mais sait bien que cela est vain, la batterie étant déchargée depuis longtemps. Il hésite à secouer le dormeur d'un geste amical. Peut-être est-il en train d'imaginer des conquêtes féminines dans des bars délabrés ? Mike se résout à patienter encore cinq minutes. Pourquoi pas ? Il ne croit plus au miracle : ajouter la force de ses bras et sa détermination à celles des autres membres du groupe de confinés ne changera probablement rien. Ses doigts galopent sur son genou. Un silence incongru règne, une sinistre présence qui le rend fébrile.

Fatigué, Mike déplie ses jambes, se penche vers le jeune dormeur, le visage soudain crispé ; il a l'impression qu'on se joue de lui. Il a toujours eu un tempérament toxique (pour preuve, ces viols qu'il a relégués au passé) qui lui a souvent causé des difficultés avec certains de ses proches. Déterminé maintenant à tirer son partenaire de crime hors de sa léthargie, il lui criera : « Allez, espèce de paresseux, debout ! » Le psychologue raté qu'il est remplit le mince espace qui le sépare du dormeur de son impatience grandissante. Il se retient de crier « Lève-toi ! Andouille ! »

Mike ne sait pas, à ce moment-là, que le jeune conspirateur couché sur le ventre sera muet pour toujours. Il le frappe frénétiquement à coups d'index provocateurs, espérant lui insuffler, par quelque pouvoir occulte, assez d'énergie pour qu'il s'extirpe de son lourd sommeil et se dépêche d'aller braver l'histoire qui s'éteint à quelques mètres de là. Mais cela ne sert à rien.

Mike réalise que John ne respire plus.

— Qu'est-ce… ?

Mike cale son dos contre la paroi adjacente ; il laisse ses bras tomber d'incompréhension et lance des regards qui trahissent, peut-être, la honte. La honte d'avoir étiré le temps, sans se rendre compte que la mort gisait déjà à ses pieds. Il desserre le col de sa chemise kaki comme s'il pouvait aérer son cœur qui bat sourdement, à toute allure, stimulé par un flux de futilité humaine.

Il n'a pas vu les indices figés en face de lui : l'immobilité de John, son silence, sa présence invisible. Alors sa mémoire repart à zéro. Quand exactement John a-t-il succombé ? De quoi ? Pourquoi ? Il n'y a aucune éclaboussure de sang : John n'est pas blessé. Il n'a pu se suicider non plus. L'eau qu'il a bue n'a rendu personne d'autre malade, pas plus que les faibles rations alimentaires ingurgitées par dépit.

— Mince !

Mike appelle les autres, mais à contrecœur. Il voudrait fuir. Kakahuet se tient à l'écart, elle, mais Joy et les savants Bourdonelle, Zschmuk, et Fukuyu, eux, puis Laverge, s'approchent, outils pendant au bout de leurs doigts sales, meurtris, fatigués.

— Qu'est-ce que tu veux ?

— Regardez !

Le docteur Fukuyu sort sa caméra et photographie le défunt, par réflexe ou mieux, comme s'il était sur un pied de guerre (le même que d'habitude). Les autres le toisent.

— Ça fera une photo souvenir pour mes amis… quand nous sortirons d'ici ! Ils apprécieront, j'en suis convaincou !

— Tu n'as pas remarqué quelque chose d'inhabituel ? s'étonne Bourdonelle, en posant un regard incrédule sur le cadavre pendant que Fukuyu le retourne sur le dos.

— Non, je ne sais pas.

— T'es sûr de ça ? le questionne Zschmuk, méfiant.

— Je n'ai pas fait très attention. Je parlais… et puis, il fait sombre ici.

Mike essaie d'empêcher les gouttes de sueur de s'agglutiner dans ses yeux avec le dos de sa main droite. Il tremble légèrement et boit sans même chercher à cacher son geste. Il se souvient et voit, parmi un lot d'images stroboscopiques qui défilent dans sa mémoire blessée, la modeste maison de John qui donne sur l'océan, les arbres épars, les rangées de maisons, les pêcheurs qui, à distance, scrutent le rivage afin de se guider lorsqu'ils raclent le fond marin pour y piéger leurs repas. Mike se lève avec difficulté, troublé, courbé, pour quitter le lieu du crime. Le meurtrier est connu : c'est le destin, le traître destin. Mike se retourne et enjoint :

— Regardez, dans sa bouche !

— Quoi ?

— Il y a un bout de papier.

— Un bout de papier ? Quel bout de papier ?

Bourdonelle extirpe l'objet avec ses doigts en forme de pince et, hésitante, ânonne :

« Le monde n'est souvent que tourmente
Frappé de récits d'amour fugaces
Qui laisse dans le cœur et le ventre
J'dirions, de très douloureuses traces
Je ne comprendrai jamais l'amour ni l'amitié
Car on n'en jouit que dans l'instant qui passe
Le bonheur sourit à celui qui sait donner

Mais il fuit celui qui ne fait que prendre, s'en lasse
L'amour couve les âmes abandonnées à leurs cendres
Mais il châtie celles qui ne savent point comprendre. »

Bourdonelle lève la tête, les doigts toujours en étau sur le bout de papier et tous se demandent :

— Qu'est-ce que ça veut dire ?

***

C'est à peu près au moment du meurtre que Mcanus, aux ancêtres irlandais, à la peau blanche mais malheureusement catholiques, revient d'un voyage à Barcelone. *Il a toujours été une pièce discrète du casse-tête de notre groupe de chercheurs*, avait pensé Mike en le voyant descendre de l'autobus venant de l'aéroport JF Kennedy avec sa valise. Il faut dire que le Mcanus manque de tact, obnubilé qu'il est par ses recherches. Un jour qu'un couple de touristes Blancs visitait le village avec un petit bébé aux yeux noirs bridés, il en conclut qu'il l'avait adopté, probablement de quelque part en Asie. Il posa innocemment la question au couple de savoir lequel des deux souffrait d'infertilité. Ce soir-là, il rentra chez lui avec une marque de doigts sur la joue gauche, gracieuseté de madame la touriste, et un œil au beurre noir du côté droit, cadeau de monsieur le touriste. Il ne parla plus jamais à des étrangers visitant Old Sunnybrook, quitte à paraître inhospitalier.

Ce Mcanus est trop futé pour nous tous. Une menace. De plus, Bourdonelle faisait courir la rumeur, en toute connaissance de cause apparemment, qu'il n'était pas circoncis ; les femmes disponibles aux alentours l'évitent tellement que, de manière paradoxale, il manque… de peau. « Il trimbale sûrement des virus du sida, du singe et du vermicelle. À éviter. » Mcanus a écrit des articles notoires dans des revues académiques prestigieuses où il explique ses théories du comportement animal marin. Il est aussi l'auteur du très populaire *Traité des pets et des confitures.*

Des chercheurs de renommée mondiale citent régulièrement ses travaux, qui représentent une partie substantielle de la littérature sur le sujet. Il a pondu plus de vingt livres, le bougre. Les universités de la Ivy League aux États-Unis le vénèrent.

Rien n'a bougé dans l'appartement du pédant Mcanus situé un peu en bordure du village ; les meubles ont dormi pendant son absence, ramassant poussière, sable et taches de rayons solaires. Quelques araignées ont tendu des toiles élaborées à des endroits stratégiques. Aucun intrus n'est venu, mais qui aurait été tenté de le faire ? Oui, dans ce bled, tout le monde se connaît, chacun a un lien de parenté avec quelqu'un d'autre. Bidule est cousin de machin, qui est la tante de sa grand-mère, qui est la sœur du beau-père, qui est l'oncle par alliance de la sœur du frère chose et hop ! Un melting-pot incestueux, avait conclu Mike en notant, à son arrivée, les ressemblances des noms de famille (Laverge et Bish, parmi les plus courants) et des visages parmi les villageois.

La chambre à coucher abrite un large lit recouvert de deux couvertures multicolores, dont une sur laquelle s'entrecroisent des motifs de formules mathématiques liées à des phénomènes biologiques. Sur le côté, une table de nuit en pin s'allie tranquillement aux heures passent. Les biologistes Aristote et Darwin posent avec des visages de poupe encadrés de bois et accrochés sur les murs. L'autre chambre n'a pas changé non plus, avec son lit supplémentaire réservé à son jeune fils ou à d'autres invités potentiels. Les murs glauques et les meubles nus conviennent à Mcanus. Il n'a pas besoin de grand-chose et c'est pourquoi, entre autres, l'idée d'appartenir au groupe terroriste, proposée par Bourdonelle lors d'une rencontre en tête-à-tête plutôt approfondie, l'avait rebuté dès le départ. Elle l'avait très mal pris, car elle souhaitait avoir l'appui de tous ses collègues, sans exception.

La salle de bain avec sa baignoire antique et son évier émaillé sont restés les mêmes. La cuisine et la salle de séjour forment une pièce unique qui s'unit à l'océan proche par une baie vitrée. Au loin, des mouettes volent vers le soleil couchant, rouge, écarlate, brûlant. L'appartement est sobre et terne. Une odeur familière qui le pénètre lui rappelle qu'il est chez lui, qu'il y a ses ancrages, qu'il s'y adonne à ses passe-temps, qu'il y vit son intimité, qu'il s'y ressource.

Mcanus s'efforce finalement d'examiner son courrier, où il trouve facture après facture. Il savoure un moment de satisfaction, mais seulement parce qu'il n'a pas remarqué la lettre mystérieuse, suite probable de missives envoyées régulièrement par son ex-femme depuis qu'elle s'est tatouée une image de rancœur… sur le cœur. Elle l'accuse tantôt de maltraiter leur fils, tantôt d'être en retard pour aller le chercher à l'arrêt d'autobus, à l'aéroport ou sur le site de lancement de la navette spatiale à Cap Kennedy. En général, il s'agit de n'importe quoi, du n'importe quoi dont se nourrissent les vautours-avocats et les juges avides de niaiseries à les faire interner dans un goulag pour de bon, chinois ou russes, peu importe, en autant qu'ils y crèvent.

Il est dans la cuisine et savoure un martini, regardant maintenant une enveloppe blanche qui, elle, le guette impatiemment. Pour l'instant, il se sent fatigué ; ses paupières tombent, lourdes comme l'azur fiévreux qui se noircit. Il a tant à faire pour rattraper son retard : écrire un rapport de dépenses sur son voyage, rendre des comptes aux bailleurs de fonds avec ses découvertes, préparer des programmes pour les recherches marines à venir, développer de nouvelles théories sans doute maladroites, comme pour prouver que ce qui n'existe pas existe. Il décide que l'enveloppe attendra. Cette nuit-là, cependant, un bruit gênant le réveille : des battements d'ailes d'un moustique. Frustré, il va se chercher un verre d'eau. Il fixe le décor autour de lui. La lumière blanchâtre du réfrigérateur enveloppe l'enveloppe.

À ce moment-là, ce qui se trouve dans son appartement s'investit d'une vie hirsute. Le lit de la chambre à coucher principale se tait pendant un court moment, pour ensuite murmurer avec sa langue de couvertures : « Ouvre l'enveloppe ! »

La table de la cuisine se balance sur ses quatre pattes, prête à bondir. Le robinet de la salle de bains fuit, menaçant d'exploser et d'inonder les lieux. Les mathématiciens célèbres, dont les portraits sont accrochés aux murs, gardent un œil méfiant sur ses moindres gestes.

Mcanus allume la lumière de la lampe posée près d'un canapé occupant un espace considérable dans le salon. Il s'assoit et essaie de se ressaisir mais une lecture rapide de la lettre le trouble ; il ne comprend pas. Il fronce les sourcils. Il allume une autre lumière pour s'assurer qu'il voit bien. Une vague de chaleur l'envahit. La lettre contient un poème. Il se couche, la tête endolorie mais se réveille à 4 h 30 du matin en voulant en savoir plus. Le soleil ne s'est pas encore levé ; l'air humide du balcon fait concurrence à un grésil stagnant qui camoufle l'horizon.

L'écriture très ronde et soignée (peut-être féminine) du poème a de quoi semer le désarroi :

« Tu préfères parfois à l'opium de longues nuits
Les lèvres où les désirs et l'amour se pavanent
Quand ils partent soudain en caravane
On devine tes regards meurtriers qui brillent d'envie
Tu es, j'dirions, d'une raison déraisonnable
L'envers de ce qui a du sens, vivant ou blême
Et ton amour indomptable de toi-même
Est sa quintessence, sa perte interminable »

— Bordel ! C'est quoi ce truc ?

***

Peu de temps après son retour au village, Mcanus s'acoquine avec la fille de Zschmuk, Sarah, de plus de vingt ans sa cadette et encore mineure, dans le plus grand secret bien sûr. Elle faisait un stage dans le but d'obtenir un doctorat dès que possible, suivant en cela les traces de son père. Joy, elle, avait commencé presque au même moment une liaison romantique avec son père, l'illustre Zschmuk. Ce couple inédit et perfide sous tous les angles de leurs personnalités et qui adoptera le tutoiement dans l'intimité mais le vouvoiement en public, connaît des hauts et de bas. Zschmuk se frotte souvent les mains, rempli de satisfaction d'avoir élaboré un plan qui lui permet de se délecter de la dame d'une manière que d'autres savants trouvent impénétrable. Des qualités de madame, ce sont les physiques plutôt qu'intellectuelles qui lui ont le plus plu. Elles lui permettent en quelque sorte de damer son pion.

Sa rencontre avec la nébuleuse Joy a conduit le chercheur à écrire un article scientifique qui lui a valu des applaudissements dans le monde entier. Que fait cet universitaire juif orthodoxe qui, paradoxalement, mange du porc et jure parfois devant Dieu, dans les bras adultères de Joy ? Nul ne le sait. Joy épuise Zschmuk à la tâche. Elle a une grande estime pour le professeur : « Pour un Biélorusse, » avait-elle affirmé plus d'une fois, « il manie très bien ma langue… maternelle, cela va sans dire. » Les rencontres amicales des deux infidèles (elle, à son mari, lui, à sa religion) se déroulaient et se déroulent encore dans la cuisine pendant que Mike fait ses emplettes, un événement qui a lieu deux fois par semaine. Le bruit des casseroles, des ustensiles, des poêles et des plats en porcelaine, de la soupe wikileek et des pastèques qui s'écrasent sur le sol, les uns après les autres, se répand dans la pièce. Leur passion connaît peu de limites.

Mike, toujours porté sur la bouteille, revient du marché où il a consciencieusement acheté les matières premières nécessaires à la préparation de ses tourtières et tartes aux pommes plus délicieuses les unes que les autres. (Il en a aussi profité pour vendre quelques armes AK-15 dans son réseau clandestin.) Il exhibe un sourire en voyant Zschmuk et il lui offre un bretzel : « Un bon client comme vous mérite bienveillance… Chérie, » lance-t-il à sa femme Joy, en train de nettoyer la cuisine, « Veux-tu faire une faveur au Dr Zschmukzyngsky ? »

— Avec plaisir, affirme-t-elle, sans saisir le double sens de sa réponse impulsive.

Elle ajoute :

— Quoique c'est que c'est ? Un chocolat, un beignet ou un café ?

En recevant le cappuccino, Zschmuk insiste pour payer le double du prix ordinaire.

— Oh ! Allons, allons ! Pour vous, Dr Zschmukmachin, oppose Mike, il n'y a pas de frais.

— Mais j'insiste encore, ce sont des frais que j'accueillerais chaleureusement !

— Non, non, non, conteste Mike, qui demande à sa femme toujours affairée dans la cuisine : le bretzel du Dr Zschmukmachin qu'on a fait hier, tu l'as ?

— Si j'ai son bretzel ? demande-t-elle.

— Oui.

— Oui, chéri. Je l'ai gardé au chaud.

Zschmuk se dit très chanceux d'être servi de manière aussi aimable et inconditionnelle. Respectant ses bonnes vieilles habitudes biélorusses de reconnaissance, il embrasse Mike sur la joue. Comme le diront ceux qui sont dans le secret des dieux et des poissons, les deux propriétaires de *Life is a Splash* sont probablement le seul couple des lieux à avoir été baisé par Zschmuk, bien que de différentes manières.

Le distingué universitaire, assis confortablement, se met à lire. Très vite, les Drs Bourdonelle et Arafat entrent dans le bistro, elle avec le sourire et l'envie de mentir, lui avec un goût prononcé pour un os de bœuf. Vêtue, comme à son habitude, de manière désinvolte, Bourdonelle s'approche du barbu et lui demande :

— Que pensez-vous des homicides ?

— Mmm.

— Je vais vous dire ce que les gens d'ici pensent, Zschmuk, confie-t-elle, en voulant avoir l'air intelligent.

Elle n'a pas le temps de continuer. Le portable du savant accapare son attention. Il laisse Bourdonelle en point d'orgue pendant trois minutes, puis raccroche, lui permettant alors de poursuivre.

— Ils n'ont pas confiance en nous, Dr Zschmuk. Voilà ! Pour eux, le petit Matthew est une victime collatérale, d'où le fait qu'il n'avait pas de poème entre les dents. Fukutruc devrait retourner en Chine et en plus, il est jaune, jaune pâle, à peine jaune pipi, il n'est même pas blanc. Et Laverge se vante, cogite et déblatère mais ne fait rien qui vaille : elle est du village mais ça ne se voit pas. Traître ! Quant à ce snob de Mcanus, il macère dans ses élucubrations, participe rarement aux événements communautaires et n'aidera jamais ses voisins avec un marteau, une pelle ou une scie. Côté pourboire, c'est maigre, très maigre. Cet endroit sac de nœuds ne veut pas de notre labo et de nos histoires. *C'est vrai, on est des ploucs,* pensent-ils à notre insu, *mais on n'a point besoin de politique. Tous ces universitaires que le gouvernement a envoyés !* Ces gens pensent qu'ils étaient très bien ici, franchement, avant qu'on vienne se mêler de leurs affaires. Dans leur esprit, on devrait partir… et tout de suite. Un gamin de huit ans froidement, sauvagement assassiné !

Elle rajoute, avec un ton de connivence :

— Je voudrais que vous m'aidiez à faire virer Mcanus.

— Comment ça ?

— Je ne sais pas ; trouvons un moyen. C'est vous qui avez les contacts et l'argent. Vous êtes juif !

***

Dans la journée qui suit, aucun autre meurtre n'a lieu mais les rumeurs fourmillent et assombrissent les esprits les mieux intentionnés. Le shérif Bish, vêtu de son éternel uniforme trop serré, dont les boutons de chemise menacent de se transformer en mini-frisbees, continue d'interroger les gens à la recherche d'indices et de témoins. Il revérifie les antécédents personnels de John, réinterroge ses voisins (même éloignés), ses parents, sa famille élargie, ses amis. Il fouille et refouille les bases de données, il frappe de porte en porte pour voir si quelqu'un sait quelque chose, il questionne comme si de rien n'était, ici un ami de la victime, là un cousin éloigné, tantôt par un matin brumeux, tantôt par un après-midi dégagé, le bloc-notes dans sa main comme toujours.

***

À la frontière texane, les choses ont commencé à se corser et se déploient de la façon dont Bourdonelle et quelques membres intelligents de son clan l'avaient espérée, et ce, à leur plus grande joie. Les délibérations de Bourdonelle sur Skype avec ses collègues traduisent un mouvement mûri au fil des élections contre les immigrants illégaux qui affluent du sud, sautent les barrières et les murs, défient les vigiles frontaliers, traversent des ruisseaux, percent des trous dans les grillages barbelés, escaladent les murs de protection et y laissent leurs déchets. Ces bandits creusent même des tunnels ! Bourdonelle a tout vu venir ; une créature fourbe, certes, mais aussi une créature intelligente, comme le pense Mike. Elle sait que les Texans, qui en ont ras le bol, exigeront bientôt et à nouveau des actions fermes de l'État. Sinon, ils prendront les choses en main, armes à la main, main dans la main. Elle et ses collègues suprémacistes ont préparé la population frontalière par le biais des médias sociaux et ont commencé à planter les graines de l'ire populaire blanche. Comme ils l'expliquent si bien, dans le désert du Texas, on ne veut que des gens blancs comme neige.

***

Dans le tunnel-caveau, la question de l'enterrement de John n'est pas résolue. Le jeune homme repose *de facto* déjà sous terre mais la putréfaction le guette. Les terroristes voudraient bien lui donner une mise en terre dans un cimetière à la périphérie du village qu'ils ont récemment quitté mais cela est maintenant impossible. Le tombeau dans lequel ils se trouvent tous, y compris les scientifiques Henry, Bourdonelle, Fukuyu, Laverge et Zschmuk, Mike et Joy mais aussi Kakahuet, survivra au fil des décennies, mais la mémoire des terroristes improvisés, elle, s'évanouira. Il leur faudrait une clôture de bois blanche, peut-être d'un mètre de hauteur, qui entourerait le cimetière qu'ils imaginent et qui, contrairement à son pendant réel, est à cent lieues de la petite communauté d'Old Sunnybrook.

Joy rappelle à tous que les villageois disent que les ancêtres peuvent entendre les vagues, s'ils y prêtent attention bien sûr, mais ici, dans ce trou, la seule chose qu'on entend, c'est le souffle de Thanatos qui effleure les tympans avec insistance. Chaque recoin baigne dans une ombre opaque, révélant à peine des crevasses d'où suintent çà et là de timides gouttes d'eau. Des roches anguleuses arrachées des murs par les membres du groupe gisent sur le sol autour du corps de John qui, lui, semble plus vivant que tous les autres tant il acquiert une signification ironique. Elles sont éparpillées le long du tunnel et sont autant de témoins d'un échec qui devient de plus en plus criant, véritables vestiges d'un destin passé jamais assouvi. Cachés parmi elles, ici et là, se trouvent les coquilles vides des espoirs de vengeance et de justice du groupe de *La Colère des Frontières* et peut-être aussi du peuple, le peuple américain, le vrai, le Blanc, le protestant et pourquoi pas le calviniste. Un vent impossible dans ce tunnel se met à souffler tandis qu'un Dieu cruel, dont l'humour aride se confirme au fil des guerres incessantes qui s'accumulent depuis la nuit des temps, vérifie de son piédestal quelles occasions présentes lui permettraient de rendre la vie de ses sujets encore plus absurde.

Les membres du groupe placent John dans un cercueil improvisé, constitué de planches et de cordes inutilisées, le plus simplement possible.

— Ça fera l'affaire, j'dirions, décide Joy.

— Ce n'est pas mon genre de bière, poursuit Mike.

Les protagonistes recouvrent le cercueil de terre, qu'ils compressent autant que faire se peut, en y mélangeant de la chaux, que Zschmuk avait pris soin d'amener avec les pelles, lampes de poche, bouteilles et autres éléments essentiels au projet. Les terroristes en herbe forment tous, durant ce moment étouffé, des amis et une famille ; ils discutent du dévouement de John à une vie de peu de richesse et de frasques caractérielles. Ils se souviennent de Matthew, son petit frère ; ils plaignent leurs parents. Henry, qui aurait dû monter la garde à l'entrée du tunnel s'il s'était écouté, se souvient de John comme d'un gaillard de dix-neuf ans, athlétique, une sorte de géant avec des réserves de stéroïdes et de testostérone. Tout chez John, formule-t-il, se voulait instantané, sans profondeur et sans effort. Tout contredisait ce moment futur où la mort tente de se faufiler entre les interstices de leurs souvenirs exhumés, de leurs élans de bêtise intraitable.

Zschmuk, dont les vaillants efforts pour fusionner diverses croyances religieuses persistent, jette des mots soignés en pâture au groupe endeuillé, lequel a soif de compréhension devant cette mort et ce mort. Il ouvre les bras de chaque côté de ses hanches.

— Nous sommes tous soumis à la puissance de Dieu.

— Oh là là, arrêtez vos sermons, reproche Laverge.

— De quoi est-il décédé, putain ? demande Mike.

— Il n'y a pas et il n'y aura jamais de réponse, se lamente Bourdonelle. Voilà !

— La vie est une meurtrière, Dieu l'a voulu ainsi, continue un Zschmuk féru de plaidoirie monothéiste, en levant l'index vers le ciel.

— Vous parlez de quel Dieu à la fin ?

— Zschmuk ne parle d'aucune affiliation, chers amis. Il constate ! interfère Mike, en buvant discrètement à même le flacon sorti de sa poche.

— Tout ça, c'est bien, mais il faut se remettre à creuser (*espèces de mollusques cognitivement atrophiés !*), constate Bourdonelle.

Les comparses rendent un hommage rapide à John de la main ou d'un regard horrifié.

Le shérif Bish les scruterait la tête haute, avec des yeux comme des rayons X, s'ils les avaient joints. Mais il ne connaît rien au complot du groupe terroriste. Le seul lien ombilical qui unit ce groupe à l'extérieur est un fil électrique qui serpente entre l'entrée du tunnel et ce qu'il en reste. Il y a aussi un filet d'air qui glisse péniblement entre les amas de pierres. Cela, pour combien de temps encore ?

Tous quittent le cimetière improvisé et retournent vers le mur à creuser, à démolir. Le dos arqué, Zschmuk, fatigué, titube, la tête coincée entre ses épaules, les mains à la pelle. Kakahuet le rejoint, sans hésitation. Elle le saisit par le bras et tous deux s'engagent vers le fond du caveau, sombre et poussiéreux, comme s'ils entraient dans un trou noir.

Duplicata
Le 29 juillet 2022

En ouvrant son commerce tôt le matin, Mike se souvient des funérailles chargées d'émotion de John et de Matthew. Il imagine à présent une procession gigantesque qui bloque la circulation des voitures, des camions, des trottinettes et des bicyclettes pendant un après-midi dans le village et dans les bourgs voisins. Plusieurs amis et même des inconnus pleurent et un sénateur met le drapeau national en berne pour trois jours. Les nombreux frères et sœurs, cousins, cousines, tantes et oncles des deux jeunes victimes laissent des larmes salées colorer leurs joues. Tout le monde embrasse tout le monde pour dire au revoir ou plutôt, adieu. Certains badauds font leurs exercices le long de la route principale et ensuite le long de la plage. Il a plu la veille. Une fine croûte semble recouvrir le sable, comme une couverture qui veut en découdre avec les rayons du soleil levant.

***

Un glapissement émane d'un bungalow voisin, à quelques mètres de la rive. Fukuyu se précipite en boitant, pour aider. Qui ? Quoi ? Il ne le sait pas. Il faut juste aider, même si ça veut dire se démener. S'étant parfaitement adapté à la culture du laboratoire d'Old Sunnybrook, Fukuyu est toujours prêt à nuire, mais bon, il est aussi prêt à aider. C'est quelque chose qu'il a dans le sang. Il se transforme vite en silhouette de sable, comme la femme de Loth, debout, tétanisé, la mâchoire pendante, saisi par le sinistre spectacle : un homme d'âge mûr est étalé à terre, couvert de boue. Parmi tous les membres de la communauté, celui qui découvre ce corps abandonné à une solitude éternelle n'est nul autre que lui. À son grand étonnement et désarroi, il vient de trébucher sur le destin tragique d'une autre victime. Il téléphone au shérif Bish qui arrive précipitamment sur les lieux, les gyrophares agités. Bish recule dès qu'il croise le regard angoissé du Dr Fukuyu. Il pointe férocement son revolver vers lui et ordonne d'un ton rigide :

— Ne bougez point, Dr Ping Pong, ne bougez point.

Mis au pied du mur, le savant proteste :

— Doucement, shérif-san. C'est moi, le Dr Fukuyu.

— Bêêê, je sais ben que c'est vous. Quoique que c'est qui s'est passé ?

— *Wakaranaï* [6]!

— Il est là depuis combien de temps ?

— Depuis longtemps je crois, s'aventure le docteur nippon.

— Pourquoi que vous avez pris ben longtemps à m'avertir alors ?

— J'avais laissé mon téléphone chez moi ; j'ai pris mes jambes à mon cou pour aller le chercher mais vous savez, avec une seule jambe, ce n'est pas évident.

— Et alors ? Y avait urgence !

— Oh, *haï*, je suis d'accord.

— Alors vous admettez ? Le meurtre ?

— Mais non ! Vous voyez, explique le savant japonais en montrant le bas de sa jambe, ma faiblesse, c'est mon talon d'Achille : c'est mon talon d'Achille.

Fukuyu ressent comme un abysse émotionnel pendant un court moment. Il a du mal à respirer ; il a l'estomac agité. Il se penche et vomit. Il essuie la boue qui recouvre ses mains. Bish s'approche prudemment de l'endroit où Fukuyu a pointé du menton, en gardant son arme dégainée maintenant dirigée vers un invisible ennemi. Il regarde à sa gauche du

---

[6] Je ne sais pas.

coin de l'œil. Sur le vieux plancher en bois endommagé du balcon, une jambe posée, puis une autre jambe qui remonte vers un torse collé à deux bras et enfin une tête au regard où l'effroi apparaît figé à jamais.

— C'est quoi ce bordel ?

— *Wakaranaï,* shérif-san ! *Wakaranaï !*

Bish abandonne sa position défensive lorsqu'il se rend compte que le Japonais le dévisage d'un air inoffensif, accroché au désarroi comme à une corde à linge. Le flic appelle Mike qui végète à l'intérieur de la voiture de police, l'ayant rejoint une heure plus tôt pour une balade entre cousins éloignés qui se voulait sympathique.

***

Le shérif Bish et Mike, son acolyte providentiel, pensent à trois suspects potentiels. Fukuyu, qui tire parti des photos macabres qu'il vend à des journaux à potins. Mcanus, qui a récemment fait de la présente victime son ennemi en lui reprochant sa froideur caractérielle acquise, plutôt qu'innée. De plus, selon les ragots, Mcanus a reçu une lettre énigmatique l'identifiant comme un meurtrier. Ah ! Ce Mcanus, l'intelligent, le trop futé Mcanus, un meurtrier ? Pourquoi pas ? On ne sait jamais. Ce qu'on sait, pense le shérif, c'est que l'autopsie de John a révélé qu'il ne s'est pas suicidé, qu'il n'a pas été empoisonné, qu'il n'est pas décédé de cause naturelle et qu'en conséquence, il faut conclure à un meurtre. Et un meurtre létal de surcroît.

Et si les bureaucrates de Washington avaient tout fomenté ? Si le FBI était dans le coup ? Ils auront retracé des émeutiers du Capitole jusqu'à Old Sunnybrook ?

Les tordus.

Bish fait des allers-retours entre le bungalow de la victime et la plage en suivant des traces éparses. Avec Mike, ils balayent attentivement des yeux la berge voisine mais ne trouvent aucun indice. Le shérif ordonne au Dr Fukuyu de ne rien toucher pendant que les recherches se poursuivent, mais l'incite à prendre des photos avec son portable. Se pourrait-il que Fukuyu ait fait semblant d'être indisposé ou s'est-il simplement levé du mauvais pied ?

Le regard du Japonais s'immobilise, rongé par l'incompréhension comme par un ver solitaire. Il n'aurait jamais pensé, en s'aventurant sur la plage longeant le village, qu'il aurait à faire face à des circonstances aussi troublantes. Il ne sait pas pourquoi : il pense à Bourdonelle. Elle a parfois éveillé son intérêt, attisé ses sens, mais l'a aussi abreuvé de soupçons. *Cette académicaine, une double meurtrière ? Pourquoi pas ? On ne sait jamais.*

La police, qui n'avait porté qu'une attention mitigée à la scène du premier crime, interroge Fukuyu des heures durant puis le libère : elle n'identifie aucun mobile, aucune arme, aucun indice, aucun témoin. Rien. Le vide. Trois exécutions... planifiées ou arbitraires ?

Plus tard, Bish rencontre tous les docteurs-chercheurs. Ils échangent même certains arguments de façon plutôt informelle, voire banale, au bistro *Life is a Splash*. Sont présents le duo Bourdonelle-Arafat et Zschmuk, lui avec son cappuccino, Fukuyu avec une tasse de thé chai et un œil vif et Mike, bien sûr, avec un verre de bière. Personne n'a informé Mcanus (un suspect potentiel) de la rencontre. Bourdonelle a demandé à Laverge de ne pas se présenter ; elle lui a promis qu'elle l'informerait par la suite de ce qui se déroulerait. Elle fera ce qu'elle pourra pour dissiper les soupçons à son égard, si soupçons il y a.

— Quoique c'est que vous en pensez ? demande Bish.

— C'est difficile à dire, souligne Bourdonelle en regardant Zschmuk et en caressant son petit chien blanc, le Dr Arafat, mais, après avoir considéré certains facteurs émergents de causalité, il me semble qu'aucun d'entre nous n'aurait pu commettre le meurtre. Voilà !

— Je suis de l'avis, avec un degré de certitude frisant les quatre-vingt-quinze pour cent, ajoute Zschmuk en enroulant machinalement ses couettes bouclées autour de ses doigts, que le fait que Fukuyu ait été là est une pure coïncidence, toute chose étant égale par ailleurs. Mais il a vraiment l'art de se mettre le pied dans le plat, là-dessus, aucun doute.

— Je dois dire, ajoute Bourdonelle, que nous pouvons parfois être surpris par les personnes en qui nous avons le plus confiance. L'imposture est le parasite des sens. Avouons-le, aucun villageois n'est assez brillant pour avoir mis en scène ce genre de meurtres sauvages, car il s'agit bien de cela, ou pire, d'assassinats. Et puis, il n'y a pas ce monsieur Gargel qui aime réciter des poèmes quand il daigne se montrer dans notre village ? Mais c'est un mormon… Ils sont tranquilles, les mormons, non ?

Tous sont d'accord et hochent de la tête.

— Je me suis renseigné sur les maniaques, habituels et inhabituels, dévoile Bish, et j'ai effectué quelques recherches à la bibliothèque d'Old Sunnybrook, j'dirions.

— Permettez-moi de recourir à une approche hypothético-déductive, shérif, plutôt qu'à une méthode inductive basée sur la triangulation. J'appellerais l'hypothèse H_1 celle selon laquelle il y aurait plusieurs meurtriers et l'hypothèse alternative H_{1a}, celle selon laquelle il n'y aurait pas plusieurs meurtriers. Ce Gargel, par exemple…

— Vous m'emmerdez royalement, Zschmuk. Oui monsieur.

— C'est absurde, Dr Shumukutsuky-san, interjette Fukuyu en renfort. C'est un *moron.*

— Un mormon.

— C'est quand même absurde, Dr Shumukutsuky-san, rajoute Fukuyu.

— Zschmukzyngsky, Dr Zschmukzyngsky, professeur émérite Zschmukzyngsky. Mais laissez-moi finir. Ce que nous savons ici, c'est que la première victime, John, était un homme athlétique et son frère cadet, Matthew, avait le même père et la même mère. Dans l'autre cas, le docteur-chercheur était, disons, physiquement moyen. Dans le premier cas, on a trouvé les deux corps à l'intérieur de la maison…

— Vous faites de la tautologie, critique Fukuyu. Vous tournez en rond autour de vos propres idées ! Et comme l'a dit le célèbre samouraï, Ôshitoketetsunkomodo Tetsuntoto, « Qui s'épouse s'épuise. »

— Vous parlez tous avec un sarcasme désolant, interrompt Bourdonelle. (*Espèces d'Australopithèques syphilitiques !)*

— Ouain, rajoute Bish, on devrait y'avoir honte.

— Un complot, intervient Fukuyu en se passant la main dans ses cheveux en bataille, mais de là à dire que c'est le cul du gouvernement, pas sûr.

— Le coup, vous voulez dire.

— *Haï*, oui, le coup, *sumimasen*[7].

— Revenons à vos hypothèses, Dr Zkrutumy, propose le shérif Bish.

— J'insiste : Dr Zschmukzyngsky, professeur émérite Zschmukzyngsky. En tant que moyen mnémotechnique, pensez à whisky plutôt qu'à whiskey.

— Ouain, bon.

— Il faut savoir sur quel pied danser, conclut le Biélorusse en toisant Fukuyu.

Tandis que Mike sert à ses invités son pâté maison, le professeur émérite s'engage dans une analyse longue et élaborée, utilisant, plaide-t-il, une modélisation géostatistique, expliquant qu'un seul individu ne peut avoir commis les trois méfaits. Il cite, pour subjuguer ses interlocuteurs moins éduqués que lui et s'amuser à leurs dépens, de nombreuses sources biélorusses, qui dans sa bouche semblent crédibles. Dre Ladigagasky. Dre Madonaova (qui, apparemment, serait encore vierge). Il y a

---

[7] Pardon.

plus d'un seul meurtrier et les homicides sont minutieusement planifiés. Ce n'est pas le respectable Gargel, le meurtrier. Un poème n'a jamais tué personne.

— Des militaires ?

— Des milices alors ?

— Qui sait ?

— Chaque détail compte dans notre civilisation aléatoire truffée de doutes et de contingences inaliénables.

— Ça craint, rajoute Bish. J'dirions que dans les circonstances exténuantes présentes, les détails revêtent une certaine préciosité certaine… c'est… hum… c'est certain.

— Ouaf !

Dans le bistro, les clients (dont certains ont déjà été influencés par les idées terroristes de Bourdonelle et de son inséparable allié, le Dr Arafat) entendent la conversation spécieuse et n'y comprenant rien, s'agitent, reflétant ainsi le sentiment qui imprègne le village tout entier. Old Sunnybrook n'est plus ce qu'il était. Comme dirait le shérif Bish, il faut faire « quoique chose » ; non seulement les meurtres sont horribles mais en plus il y en a eu trois. Trois épouvantables crimes. Les clients boivent leur café avec hésitation, en tendant l'oreille. Certains paraissent plus inquiets encore : du bout de leur fourchette, ils font le tour de leurs pâtés maison puis en happent le centre. Sentant l'angoisse de ses clients, Mike invite de manière subtile le shérif à mener son enquête ailleurs que dans son commerce, peut-être au poste de police. Bonne idée, non ? Le policier laisse les trois estimés chercheurs universitaires Bourdonelle, Fukuyu et Zschmuk, à leur discussion.

Il se rend à l'appartement de Mcanus et sonne à la porte. L'académicien lui souhaite la bienvenue bien que, depuis tôt le matin, son esprit soit occupé à préparer sa prochaine expérience de laboratoire, qui commence une heure plus tard. Ils restent dans le cadre de la porte, car Mcanus ne peut inviter le flic à l'intérieur : il reçoit un invité de marque, le satané moustique sanguinaire qui le tient éveillé depuis quelques nuits.

— Shérif Bish. Quelle surprise ! En quoi puis-je vous aider ?

— Nous avons un problème inhabituel… comme d'habitude, Dr Mcanus et j'aimerais avoir votre opinion.

— Je vous écoute.

— Y'a point d'empreintes digitales sur la première scène et j'doute qu'on en trouve sur la deuxième, encore fraîches dans notre mémoire à tous… comme si le ou les meurtriers portaient des gants… Ces meurtres sont en train de devenir des habitudes inhabituelles, j'dirions.

Le policier ralentit son discours, scrute les réactions de Mcanus comme pour lire subrepticement son esprit, comme pour chercher des indices, comme pour révéler la vérité sur ce savant, un coupable probable des coups notables. Il absorbe peu à peu les réponses de Mcanus et ses mouvements corporels inconscients, qui sont les pires traîtres. Ce Mcanus est bizarre, imprévisible, un peu trop futé et pas assez transparent. Il a quelque chose à cacher et il veut lui faire cracher.

— Vous avez eu une dispute avec la victime, je crois comprendre…

— De nos jours, shérif Bish, on se chamaille à grande échelle. Contrairement à mes collègues qui obnubilent sans considération épistémologique le phénomène du conflit interpersonnel, je ne crains pas le travail consistant à détecter et à réprimander…

— Bon, si on parlait moins *académicain* et plus terre à terre. Ça me donne mal à la caboche.

— Vous ne pouviez pas mieux dire, shérif ! Je suis fier de bien faire mon travail, shérif. Cela fait de moi un ennemi. L'apprentissage et le partage du savoir ne sont pas une sinécure, shérif Bish. Ce sont des entreprises sérieuses dans n'importe quel laboratoire.

— Ouain, bon ben d'accord, marmonne le flic, mais p't-être que vous pourriez me dire où que c'était-ti que vous étiez au moment approximatif du meurtre inhabituel le 29 juillet 2022 ?

— Dans le confort de mon lit, shérif.

Sceptique, l'officier furète du regard, fronce ses épais sourcils et fait une pause d'une seconde qui remplit l'espace comme un orchestre symphonique jouant la Walkyrie de Richard Wagner. Ses soupçons s'enracinent dans le personnage de Mcanus, parce qu'il est pris de court, refuse de croire à un complot gouvernemental et voudrait bien prétendre faire quelque chose pour débloquer l'affaire.

— Seul ?

Mcanus, toujours sur la défensive, hésite un instant, puis avec un rictus bien affiché, s'explique :

— Seul avec un moustique. Je le regrette, shérif. Vous, vous avez la chance d'avoir une femme à vos côtés, plutôt qu'un moustique.

— Oh ! Vous savez, les deux peuvent être royalement emmerdants.

— Je crois le savoir effectivement.

— Alors… vous n'avez point d'alibi ? s'enquiert le shérif.

— Aucun. Pas d'alibi.

— Hmmm, c'est compliqué, consent le shérif en se grattant le menton. J'pourrais vous demander quoique chose d'autre… point que j'voudrais insinuer…

Le regard et les paroles du shérif s'attardent.

— Je vous écoute, shérif Bish.

— À l'heure et au jour du tout premier meurtre, le 21 juillet 2022, vous étiez où par hasard ?

— À Barcelone, shérif, vous vous souvenez ?

— Vous en êtes sûr ?

— Oui, shérif, j'en suis sûr.

— Et vous en êtes certain ?

— Du coup, c'est sûr, shérif Bish Kébab.

Le flic se gratte la tête en regardant le plancher, qui pourrait peut-être apporter des réponses à son questionnement.

— Bêêê, c'est drôle, parce que j'ai vérifié et ce qui est sûr est p't-être loin d'être certain et ce qui est certain est ben loin d'être sûr. J'ai entendu des rumeurs selon lesquelles, en fait, vous étiez à Paris pendant une semaine.

— En fait, shérif, ça me revient, vous avez raison… Je suis rentré de Barcelone et je suis passé par Paris pour tenter de voir mon fils, le 19 ou le 20 ou le 21 juillet, je crois. Quelque chose comme ça. Ça n'a pas marché, comme d'hab avec sa mère qui y a fait ses quartiers et je suis venu ici de Paris… si je me souviens bien.

— Alors, hum, un alibi à Paris ? demande le shérif, qui coince Mcanus dans ses malheureux souvenirs.

— Je crains bien que non.

— Des amis à Paris ?

— Mais, shérif, c'est bien connu, Paris n'est pas une ville d'amis.

— Ah non ?

— C'est une ville d'amoureux.

***

Le 30 juillet 2022

Troisième mort inhabituelle à Old Sunnybrook

Le journal local d'Old Sunnybrook communique en exclusivité la nouvelle d'une troisième mort suspecte. Le médecin du village affirme qu'il ne s'agit pas d'une crise de plasme. Selon notre shérif Bish, il y a lieu de s'inquiéter mais pas de paniquer. On a peut-être affaire à un virus sans cure connue ou d'une coïncidence qui pourrait se répéter. « Affaire à suivre, j'dirions », a déclaré monsieur notre maire, qui venait juste de s'acheter un luxueux yacht de

45 pieds avec port d'attache en Floride, lorsqu'il fut joint par nos services. Oui monsieur.

***

Dans le tunnel, les universitaires se penchent sur une autre dépouille. Zschmuk parle avec son ton évangélisateur qu'il perfectionne à mesure que le chapelet des défunts s'égrène :

— Chers amis, nous sommes en deuil encore une fois. Nos âmes sont chargées de la honte d'être humains ou de celle d'être là sans aucune réponse devant le tragique destin du regretté professeur Henry.

La surprise a été grande quand Bourdonelle a tenté de réveiller celui qu'elle croyait, comme ses comparses, endormi mais qui s'avéra, une fois son pouls tâté, être un corps sans vie. Il avait un poème logé entre ses dents :

« En ces jours ultimes où les couleurs expirent
Souvenons-nous des regards pleins d'attrait
Affichons, mélancoliques, nos derniers sourires
Sachant que vous ne les verrez plus jamais
Nous nous embourbons dans le creux de la vie
Pensant, j'dirions, à nos espoirs évanouis
Nous nous retournerons une dernière fois
Nous qui avons fait le plein de regrets et d'effroi »

— C'est quoi ce truc débile ?

— C'est la mort aux dents.

Bourdonelle ignore la question et la réponse :

— Jamais je n'aurais pu me douter qu'il était mort, surtout qu'il venait de commencer sa sieste. Étant Anglais, sa peau blanche et inerte et son air idiot paraissaient naturels.

— Aucune âme même pieuse n'arrive à déjouer l'inconnu, cet amour traître et immatériel, constate

Zschmuk, qui s'amarre à son port philosophique. N'ayons pas honte de craindre Dieu. Ah ! Les mystères de la vie, ou plutôt de la mort, nous frappent comme autant de catastrophes, parce que c'est la seule façon pour nous, qui sommes confondus par notre ego, de tester le contrôle du divin.

— Putain, vous allez nous fichtre la paix, Dr Zschmuk-san ? reproche Fukuyu qui démontre son adaptation continuelle à la langue du pays. Vous me cassez le pied !

— Laissez-le parler, insiste Bourdonelle, alors que le groupe de terroristes s'apitoie sur le sort de leur confrère.

— Avec un Dieu qui n'a d'yeux que pour nous, humbles mortels, il n'y a pas de zones grises, rajoute Zschmuk en pointant gauchement l'index droit droit vers le ciel. Prions.

— Ce ne sont pas nous les fautifs, c'est Washington qui porte les intentions du mal tout en nous faisant croire qu'il nous fait une faveur, intervient Bourdonelle.

— Ouais, complète savamment Kakahuet.

— Ma tradition nous imprime un fort sentiment d'unité, indique Zschmuk.

— Merde, Dr Zschmuk-san ! commente Fukuyu, exacerbé.

— Laissons-le parler, le rabroue Joy.

— Il est de loin préférable de nous rassembler au sein d'une communauté unie, même autour de fesses… de fausses croyances, que de tenter isolément de déchiqueter la vérité, car elle ne nous est révélée que dans le tout et non dans l'individuel.

— PUTAIN !

— Laissons-le finir ! crie Joy à son mari.

Tous les universitaires ont des problèmes non résolus, pense secrètement Bourdonelle, le corps entier rivé à distance sur le mystérieux cadavre. *Chacun d'eux joue à des jeux sournois, tous sont campés dans leurs positions antagonistes et personne ne dit la vérité.*

— Les bourbiers de la haine ne connaissent pas la justice et ne rendent jamais justice à la justice, rajoute Zschmuk, l'index à nouveau pointé vers le ciel, comme pour le trouer de son immense sagesse.

— Meeeeeerde ! commente Kakahuet.

Et Laverge de s'époumoner en même temps :

— VOUS NOUS CASSEZ LES COUILLES, DR ZSCHMUKSKY !

— Dr Zschmukzyngsky. Pensez à Whisky.

***

Pendant que certains villageois enterrent le corps d'Henry dans le cimetière local, d'autres, frappant aux portes de l'incompréhension, se questionnent et ont l'index dirigé non pas vers le ciel mais posé sur la gâchette. Il faut se tenir prêt. Personne (sauf Sarah) ne sait qu'une poignée de collègues du savant anglais se trouve emmurée dans un tunnel, quelque part entre Old Sunnybrook et un chalet pompeux appartenant à G. G. Gargel. Personne ne sait qu'il y a des extrémistes en train de creuser un tunnel pour aller se faire exploser et envoyer un avertissement au président des États-Unis, rien de moins. Mcanus, qui a été exclu du groupe de terroristes et s'en est d'ailleurs exclu lui-même, assiste impuissant à l'enterrement.

***

Après le décès d'Henry, le poste de directeur du laboratoire qui lui avait été dédié en partie parce qu'il était un enfant du pays, même s'il en avait perdu presque les caractéristiques, est resté vacant. Quand on lui avait téléphoné à Londres, deux ans plus tôt, pour lui annoncer la décision du comité chargé de choisir le directeur, il avait exprimé sa surprise et son émoi :

— Je suis *flat*.

— Flatté… oui, nous irons vous chercher à l'aéroport de New York.

— *I would like to express my warm feelings*, avait-il ajouté, impassible et froid comme un glaçon.

Le jour de l'enterrement, après la découverte du corps par Fukuyu, l'Université Soho informa la communauté que la jeune Turque Kakahuet avait été officiellement nommée directrice du laboratoire, malgré son manque d'expérience ; son dynamisme et sa maniabilité compensant. Les autorités l'avaient initialement envoyée pour assurer la bonne marche administrative du laboratoire, essentiellement pour assister Henry. Avec ses larges hanches et sa tendance à se pencher vers l'avant, avec le ton aigu de sa voix et la vitesse saccadée de son élocution, avec son léger double menton et ses narines en éventail, avec sa façon de se dandiner comme si ses genoux tentaient de maintenir un gros ballon en place, elle ressemblait, selon l'estimation savante mais arrosée de Mike, à un dindon. Un dindon sauvage et, tiens donc, un jeune dindon avec ça : vingt-cinq ans à peine. En désespoir de cause, avec un sac en jute sur la tête, Mike aurait pu s'en satisfaire, avait-il récemment affirmé, entre deux gorgées, à qui voulait l'écouter (sauf sa femme Joy).

Sitôt en poste, Kakahuet, comme presque tous les autres membres du laboratoire, avait pris les réalisations intellectuelles de Mcanus en grippe. Faisant preuve d'un mélange de comportements vicieux et véhéments, rancie parce qu'elle avait échoué par le passé ses cours de comptabilité, elle forgea rapidement ses amitiés par simple intérêt personnel pour abuser du pouvoir investi en elle par l'Université Soho et son allié gouvernemental, en partie subventionnaire du laboratoire. Dans son esprit, comme pour la plupart des personnes en position d'autorité, observa encore une fois Mike, les règles et les normes dont on est redevable s'appliquent à n'importe qui d'autre qu'à ceux chargés de les faire appliquer. En clair, cette femme, Kakahuet, ne suivait pas les règles.

Kakahuet entre, accompagnée de trois villageois, dans le bistro *Life is a Splash*, où sont déjà les savants Bourdonelle, Arafat, Fukuyu, Laverge et Zschmuk. Des discussions animées et sporadiquement houleuses ont lieu, chacun tentant de trouver un sens à la mort du collègue Henry, meurtre déconcertant qui vient de secouer de nouveau la bourgade de huit cent quatre-vingt-dix-sept âmes. Mcanus arrive ensuite, avec, en main, un mémo qu'il a imprimé et qu'il a reçu une heure plus tôt, par courriel.

Le 1er août 2022

Dr Mcanus,

Veuillez lire la lettre ci-jointe.

Sincèrement vôtre,
Lisa Kakahuet

Et le document se lit comme suit :

Le 1er août 2022

Le Dr Mcanus est exempté d'assister aux réunions du département jusqu'à nouvel ordre.

Signé : Lisa Kakahuet

Mcanus s'offusque de cette sottise. Il a beau la disséquer avec son esprit scientifique, il n'y comprend rien. Qu'est-ce qui a incité cette Kakahuet fraîchement nommée à un poste honorifique, à préparer cette directive qui remet en question les procédures conventionnelles du laboratoire ? Elle est fêlée ou quoi ? Il s'approche de la représentante de l'Université Soho, qui, en le voyant arriver, lève sa tête de dindon. En tentant de réprimer son désir de l'assassiner qui le hante de l'intérieur, il lui lance :

— C'est une farce ?

Tous dans le café deviennent soudainement les témoins muets d'une scène burlesque. La rage envahit le corps et l'esprit de Mcanus. Kakahuet repense un instant à la discussion qu'elle a eu le jour précédent avec Bourdonelle.

— Débarrasse-nous de Mcanus.

— Humm, avait répondu Kakahuet.

— Tu dois trouver un moyen…

— Humm… d'accord… Nonobstant toute hypothèse fallacieuse.

— Il m'embête. Voilà !

— Mais il est titulaire.

Dans le milieu académique, un professeur titulaire ne peut être licencié. Un tel professeur doit avoir publié dans des revues scientifiques de haut niveau et être parvenu à protéger les ego surdimensionnés de ses collègues. Cela constitue un dur labeur qui allie parfois intelligence malveillante et jeux politiques.

— Tu trouveras un moyen, tu as les appuis nécessaires, avait affirmé Bourdonelle.

— Je vais m'occuper de son cas, t'inquiète.

Après avoir lu le message incongru, Mcanus avait quitté précipitamment son bureau au Labafadas et s'était dirigé vers *Life is a Splash*, sachant que l'enquiquineuse s'y trouvait probablement. Il était arrivé au bistro, dubitatif. Les haut-parleurs, installés dans chacun des quatre coins de la pièce au-dessus de la tête des clients, près du plafond, projetaient une musique de style *country*. Mcanus s'était assis à la table de Kakahuet et avait commandé un café qu'il espérait apaisant. Et c'est après qu'il avait projeté son venin : « C'est une farce ? »

La fille de Zschmuk, Sarah, étudiante qui cherche encore et toujours à émuler son père, s'installe près de lui, comme pour révéler leur liaison coupable. Elle se met à surfer sur son portable, à la recherche de choses ou de gens inconnus. Mcanus se penche vers Kakahuet, *cette graine d'imbécilité*, en gardant ses mains croisées pour les empêcher qu'elles ne l'étranglent sous l'impulsion d'un quasi irrépressible, mais fort compréhensible instinct destructeur. Sentir la souffrance de Kakahuet, être témoin de son appel étouffé à l'aide, de la rougeur montante de son visage et du gonflement de ses yeux désespérés et exorbités, cela lui ferait un bien immense, au moins pour la minute que cela durerait.

— C'est contraire à la procédure standard.

— Hors de l'ordinaire, en effet.

— Vous n'avez pas le droit de signer un tel document et dans mon dos, en plus.

— Comme l'explicite parfois Zschmuk, il y a souvent des choses peu orthodoxes dans l'autocratie universitaire.

Toujours contrarié, Mcanus poursuit, en crispant ses doigts et en montant le ton de sa voix :

— Vous n'avez aucun droit et aucune raison. Qu'est-ce qui vous prend ? Pourquoi m'empêcherait-on d'assister aux réunions du département ?

Dans le milieu universitaire, il faut participer à ces exercices soporifiques, car cela est un critère pour déterminer les augmentations annuelles de salaire. La mesure est aussi choquante qu'elle paraît injustifiée. Mais Mcanus ignore les sous-courants bureaucratiques et ne peut savoir que Bourdonelle et Kakahuet sont entrées dans son bureau du Labafadas peu de temps auparavant. Cette intrusion viole un principe sacré, car les chercheurs doivent protéger leurs données de recherche en tout temps. Mais qui révélerait ce fait à Mcanus, ce paria indésirable ?

Il y a eu trois meurtres (John, Matthew et Henry) ; il faut trouver le ou les coupables. Rien ne permet de comprendre qui a commis ces homicides, mais Mcanus, lui, nuit aux plans de quelques personnes. L'église blanche faite de bois et de vitraux qui surplombe l'océan est témoin, à distance, des questionnements internes de Mcanus, qui vient de quitter *Life is a Splash* et déambule sans direction précise. Il se doute bien que l'*establishment* est profondément corrompu. Cela soulève une question dans son esprit : y a-t-il un lien entre Kakahuet et les crimes crapuleux ? Cette région du globe, pense-t-il avec componction, marche funèbre de Chopin en tête, est tout ce qu'on veut et ne veut pas, ce qu'on aime et n'aime pas, ce qu'on croit et ne croit pas, ce qu'on peut et ne peut pas, ce qu'on aime qui sème et ce qui se sème mais qu'on n'aime pas.

Aïe !

De la codéine svp.

Les villageois rouspètent et veulent des explications crédibles. Ils s'interrogent sur les bienfaits du laboratoire, un lieu ésotérique, un établissement suspect où les gens proclament que la science a pris le pas sur Dieu, où les mollusques parlent chinois et les homards ont trois pinces, paraît-il. Un laboratoire dont la venue coïncide avec des délits inexplicables, note-t-on. Certains s'expriment même avec une arme à la main pour renforcer leur message et mettre en évidence leur frustration : Colt ici, crochet à crabes là, ligne de pêche ici, couteau à poisson là, hameçons ici, pied de Bish là.

Quelques heures plus tard, Zschmuk propose à Mcanus, lors d'une conversation téléphonique, de confronter Kakahuet pour tenter de trouver quelle explication logique (ou illogique) elle garderait dans sa manche. Entretemps, Bourdonelle affiche sur les réseaux sociaux ses revendications sociales et politiques. Il faut exprimer son mécontentement, voire sa hargne, il faut détruire ceux qui acceptent les immigrants illégaux. Ce sont eux la source du problème. Ce sont eux qui fomentent la décadence des États-Unis d'Amérique, les inégalités socio-économiques croissantes, l'extrême concentration de la richesse, la polarisation politique, les clivages idéologiques, les éternelles tensions raciales. Ce sont eux les meurtriers, c'est sûr. Où diable se cachent-ils ? Il faut redonner au pays sa grandeur. Il faut lui faire perdre ses couleurs.

Mcanus retourne vers le laboratoire, frustré et avide d'en savoir plus. Il se fraie un chemin dans le brouillard de ses pensées, au cœur de ce hameau qui longe l'océan et que ce dernier veut parfois engloutir. Il a fouillé ses dossiers, cherché à comprendre. Finalement, il revient chez lui. Ce soir-là, prompt à des crises d'anxiété, il se réveille en sueur, à 3 h du matin, avec l'impression d'un poids lourd assis sur sa poitrine, peut-être un lutteur de sumo pris de flatulences. Sarah, qui dort à ses côtés, se réveille. Le visage de Mcanus tourne au violet ; il saisit son larynx des deux mains dans un effort désespéré pour inspirer de l'oxygène. Le drame dure quelques secondes mais il le ressent dans son esprit comme des minutes entières et dans son corps comme une année de douleur. Il lutte pour que l'air dont il a tant besoin envahisse ses poumons qui se rétrécissent. Depuis quelque temps, ses crises d'anxiété sont fréquentes.

Sarah, qui dort sporadiquement chez lui dès qu'elle sait que son père ne se rend pas compte de son absence de la maison familiale, le calme. Elle partage avec lui l'impression que quelque chose d'étrange se profile. Mais quoi ? Veut-on qu'il parte ? Mais pourquoi ?

— Tu ferais mieux de te tenir tranquille, j'dirions, recommande Sarah, qui a absorbé le dialecte local comme une éponge.

— D'accord.

— Et mon père dit que tu devrais cesser de t'engager dans des discussions politiques.

— La liberté d'expression est un droit sacré dans la communauté académique, tu le sais bien ou tu le sauras un jour.

— Peut-être ben ailleurs mais point ici. Tu te fais des ennemis.

Ce matin-là, Zschmuk, après avoir terminé une conversation sur son portable, avait frappé à la porte de

Kakahuet, qui était en train de manger une salade niçoise composée de salade, de thon, d'olives noires, d'œufs et d'oignons rouges, jouxtée à un pot de confiture de coings. Elle avait caché en vitesse son flacon de crack qui traînait sur son bureau puis invité le mécréant à entrer, à contrecœur bien sûr.

— Qu'est-ce que vous me voulez ? Vous avez l'air dogan !

— L'Erdogan ?

— L'air bête, quoi.

Son bureau, dans lequel elle avait récemment emménagé, offrait généreusement l'odeur d'un poisson laissé trop longtemps hors de l'eau sous un soleil de plomb. Des livres occupaient les étagères avec, entre eux, des papiers suspendus et impuissants comme s'ils étaient sur le point de tomber dans un précipice. Une montagne de dossiers sur le rebord de la fenêtre annonçait également un désastre imminent. Cinq gilets jaunes portant l'insigne du groupe revendicateur et le nombre 88 (associé au néonazisme) reposaient sur le dossier d'une chaise. Sur l'un d'eux était écrit en gros caractères rouges : *La Colère des Frontières*. Mcanus, que venait de rejoindre Zschmuk, demanda une explication. Bientôt, ils furent stupéfaits :

— Nous n'avions pas le choix, Dr Mcanus. Il y a du neuf. Nous avons reçu une plainte. Nous avons un document officiel décrivant en détail la difficile et inextricable situation.

— Mais qu'est-ce que c'est que ces balivernes ? De quoi parlez-vous ? s'était immédiatement emporté Mcanus. Je souhaite examiner la plainte. Vous devez m'informer ouvertement des plaintes, conformément à la procédure.

— Pour l'instant, Dr Mcanus, il vaut mieux la garder confidentielle. Nous vous ferons savoir en temps utile. Dre Laverge a dû intervenir…

— Comment ça, intervenir ? avait interrompu Mcanus, en haussant la voix et en se penchant légèrement au-dessus d'elle et de sa salade niçoise.

— Je vous interdis, Dr Mcanus, de me parler sur ce thon !

— Alors, expliquez-vous !

— Vous savez à quel point ce village fin-du-monde a été traumatisé par les trois homicides ? Dre Laverge a rencontré certains de vos étudiants…

— Mais je rêve ! Qu'est-ce c'est que cette manigance ? Elle joue à la police ? crie-t-il.

— Elle se devait de…

— Elle n'a aucun droit ! C'est contre la conduite académique. J'ai droit à un environnement PAISIBLE !

— Je vous rappelle, Dr Mcanus, que vous avez un devoir à accomplir.

— Mais de quoi parlez-vous ? avait hurlé Mcanus. Vous êtes envoyée par l'université, le gouvernement ou par des macaques ?

Kakahuet, irritée, avait détourné son regard, pris une cuillérée de sa confiture et s'était concentrée sur les dossiers souillés de taches de café qui recouvraient son bureau, exposant ainsi aux professeurs Mcanus et Zschmuk son dos dodu de dindon, camouflant du coup un petit sourire en coing !

— Si vous n'êtes pas content, Dr Mcanus, vous pouvez porter plainte.

— Je le ferai et permettez-moi de vous rappeler, avec tout le respect que je vous dois, que vous êtes ici, jeune dame, pour vérifier le fonctionnement du laboratoire, pas pour gérer une crèche. Rendez-vous utile, putain !

— Votre langage, monsieur !

— (*Vous ne croyez pas si bien dire*) Putain comme dans l'expression, pas comme une insulte, explique Mcanus d'un ton ramolli.

— Vous insultez la gent féminine et sachez que je protège le laboratoire, avait gloussé Kakahuet en posant la main droite sur un revolver couché sur son bureau, pas seulement votre im-men-se-e-go.

Sur cette fausse note, Mcanus avait quitté les lieux, pensant que son entourage était devenu complètement fada (le surnom du laboratoire, le Labafadas, prit désormais tout son sens), laissant derrière lui un Zschmuk pantois. De retour à son bureau, Mcanus ne résista pas à la tentation d'envoyer une missive au département de la recherche scientifique de l'Université Soho.

Le 3 août 2022

Madame, Monsieur,

... j'aimerais que vous m'en fournissiez une explication le plus tôt possible... J'espère que l'estimée Lisa Kakahuet et moi-même pourrons régler nos différends à l'amiable.

Dr Mcanus, chercheur
Laboratoire-des-conneries

Une fois sa rage évacuée, Mcanus était rentré chez lui, les images de ses collègues et de son fils disparu tournant en rond dans sa tête. Les rues étaient vides ; un froid inhabituel l'avait saisi et une légère rafale de vent mêlée de sable avait fouetté son visage à intervalles irréguliers. Dans son appartement, il s'était préparé un thé vert et avait mangé du sashimi, que Laverge avait gracieusement offert au personnel lors d'une courte visite récente au laboratoire.

C'est pas normal, avait-il pensé, *et ça doit avoir un lien avec les trois meurtres. On veut me mettre à l'écart. Qu'est-ce qu'on me reproche ? Pas d'avoir tué quand même ?! Ou alors je sais quelque chose que je ne devrais pas savoir ?* Il avait ri avec ironie de cet univers qui l'entoure, un caveau de sales lisses limaces saoules de malices calculées. Il avait eu le goût d'enfoncer un poème dans la bouche de la jeune impertinente Kakahuet, tiens ! Lui faire ravaler ses paroles, la garce ! Du papier mâché, tiens !

Mais au bout du compte, avait-il pensé, il aurait mieux fait de ne rien précipiter ; son courriel à l'Université Soho n'en valait pas la peine. Peut-être que ce geste lui occasionnerait plus d'ennuis encore ? Il avait dessiné une carte mentale des relations alambiquées qui existaient au sein de la communauté. Il s'était épris de Sarah, arrivée comme un cheveu sur un sashimi, ce qui représentait un risque considérable : on aurait pu l'accuser de détournement de mineure et il était même surprenant que personne ne se soit aperçu de rien. De plus, les sashimis sont bien meilleurs chauves. Mais Mcanus avait pensé à ses pulsions sexuelles avant sa carrière. Informé des circonstances tragiques old-sunnybrookoises, le gouvernement avait jusque-là fait ce qu'il faisait de mieux : mettre sa tête comateuse plus profondément dans le sable bureaucratique. Les homards, les crabes, les anguilles, les harengs et les pétoncles ne voulaient pas de réponses à ces questionnements. Les villageois, eux, avaient soif de réponses. Cela pendant que les universitaires voyaient leurs libidos opprimées par le poids des idées, des hypothèses et des théories, toutes insaisissables. Sarah, elle, immunisée contre les anachronismes académiques qui foisonnaient, voulait faire un voyage romantique dans ce pays magnifique que sont les États-Unis, un pays où les garderies, les centres commerciaux, les bâtiments fédéraux, les bureaux de poste, les hôtels, les parcs municipaux, les rues, les écoles, les salles de spectacles et les universités sont le terrain de jeu hebdomadaire de tireurs fous qui faisait qu'il était toujours préférable de se promener avec son cercueil sur le dos. Un changement d'air lui ferait du bien, avait-elle affirmé.

Mcanus, Sarah en est convaincue, devrait partir loin d'Old Sunnybrook. Elle brûle d'envie de l'en convaincre, peut-être avec une motivation en arrière-plan…

***

Dans le tunnel-caveau, ce jour du 5 août 2022, stress aidant, des conflits larvés émergent. Le trépas soudain du Dr Fukuyu a surpris le groupe tout comme les trois morts précédentes. Bien sûr, les portions doivent être rationnées, car les vivres viennent à manquer et l'air se fait rare, de sorte qu'un mort de plus et donc une bouche de moins à nourrir, c'est en quelque sorte salutaire. De plus, Fukuyu n'était même pas un vrai Blanc ; c'était un faux jaune. Pire : il faisait le pied de grue. Bon débarras, quoi. L'endroit pue les excréments et les corps qui commencent à se décomposer. Mais cela a-t-il suffi à tuer Fukuyu ? Et puis, il y a ce poème sur un bout de papier trouvé logé entre ses dents :

« Les arbres qui peuplent les vastes collines, dorment
Le froid grandissant rouille la forêt
L'ennemi, jamais ne se repaît
Les ombres tournoient dans la nuit, occultes formes
Comme des fantômes à l'affût de proies vulnérables
Sachez que je vous punirai, resterai aux aguets
Avec toute la force, j'dirions, dont je suis capable »

— Il faut mettre des mesures en place, déclare doctement Bourdonelle en redressant son dos, pour assurer notre protection. La sécurité et le respect sont les pierres angulaires sur lesquelles repose notre projet.

Pause.

— Arrête avec tes sottises, lui enjoint Kakahuet.

Pause.

L'atmosphère à l'intérieur du tunnel est lourde, ressemblant à un combat de boxe entre plusieurs belligérants à la fois. *Avec tous leurs jeux intellectuels qu'ils prennent au sérieux*, pense Mike, *il sera difficile de découvrir la vérité sur les quatre décès. Qui sera la prochaine victime ? Se sont-elles mises elles-mêmes ces poèmes dans la bouche, car personne ici n'aurait pu le faire ? Quelle idée absurde ! Tu parles* !

Bourdonelle se souvient d'un samedi où près de trois mille jeunes et moins jeunes étaient descendus dans les rues, puis s'étaient dirigés vers la frontière texane pour clamer leur mécontentement général. Au bûcher, les immigrants illégaux ! Qu'ils aillent pourrir chez eux, dans leur Eldorado de misère. Bandes de sangsues.

Ce tunnel, il faut finir de le creuser. *Aucune mort, même suspecte, ne nous arrêtera. Voilà !* pense Bourdonelle. En dirigeante autoproclamée mais indécise face aux buts ultimes et aux rôles exacts de son groupe de terroristes amateurs, elle ne sait quoi dire à ses camarades. Le débat qui s'amorce est tissé de pauses et de phrases courtes et grinçantes. Ici, sous terre, pas de réseaux sociaux dans lesquels épancher sa douleur et rogner sur les torts des Juifs, des Arabes, des immigrants, des incompétents. Ces réseaux ont certes joué un rôle considérable dans la mobilisation des bandes d'extrême droite et le déclenchement de l'expression de leurs frustrations historiques mais ici, entre quatre murs de pierre et de terre, un plafond qui s'effrite et un sol qui recueille les défunts, ils sont aussi vides que l'espace sidéral.

Dehors, les résidents s'appuient sur leurs clôtures de bois ou s'assoient avec lassitude sur d'antiques chaises à bascule sur leurs balcons. Ils souffrent, eux aussi, de l'omniprésence de l'au-delà. Il y a eu une tuerie, rien de moins. Les universitaires partagent leur désarroi. Dans ces moments difficiles, Mike leur sert des chocolats chauds et quelques beignets faits maison. Il en profite généralement pour se récompenser de ses bonnes actions avec quelques bières.

Mais ici, dans le tunnel de la solitude, il n'y a rien de tout cela. Ici, le silence est envahissant, il fait taire le moindre bruit. Ici, le crépuscule ne s'invite jamais tandis que dehors, il enrobe les arbres et les champs, fidèle à son horloge interne.

— Quelle perte de temps ! commente Joy.

— J'dirions que je suppose que nous trouvons ces décès divertissants, commente Laverge. Pas d'empreintes. Pas d'indices, sauf les poèmes. Rien.

— Allez, au travail, le temps presse ! Nous sommes coincés ici depuis, quoi, cinq, six jours ? rajoute Zschmuk.

— Mais ma parole, êtes-vous aveugle ? Vous croyez que ces quatre décès sont dus au hasard ? Un hasard sans mobile, sans empreintes, sans témoins, sans armes du crime, avec pour seuls indices des bouts de papier dans la bouche ? Plus on se rapproche de Gargel, plus il y a de victimes. Mais comment s'y prend-il ?

— Nous avons des problèmes plus urgents à régler… il faut sortir d'ici, sinon, nous serons les prochains sur la liste, rajoute Kakahuet, qui tremble de peur.

Le shérif Bish, lui, ne sait pas ce qui se trame sous terre. S'il savait, il aurait du pain sur la planche : tous ces assassinats à élucider, ces bourrasques venues non de l'océan, mais de l'inconnu.

***

D'autres fâcheuses nouvelles viennent assombrir la journée de Mcanus. Il a reçu une réponse par courriel de l'Université Soho :

Le 5 août 2022

Dr Mcanus,

Nous avons pris connaissance de votre plainte contre la très respectable collègue et enfant du pays, la Dre Laverge, à laquelle nous nous référons respectueusement par l'épithète « la folle ». Nous prenons très au sérieux la menace que vous avez formulée à son égard. Afin de résoudre les problématiques halieutiques soulevées par les récents événements, nous avons retenu les services d'un expert pour mener une enquête exhaustive qu'il vous cachera.

Nous comptons sur votre collaboration indéfectible pour apporter un certain éclairage sur les enjeux actuels, de même que sur leurs tenants abrutissants et tannants aboutissants. Pour l'heure, nous vous demandons de vous abstenir de vous présenter au laboratoire.

Université Soho
Cc : L. Kakahuet

Assis à nouveau au bistro *Life is a Splash*, Mcanus, ulcéré, exprime son inquiétude renouvelée à Zschmuk, son seul allié, à part Sarah. Il aurait à nouveau le goût de faire avaler à la Kakahuet son bulletin de naissance et il ne sait pas ce qui le retient. Lui et le Zschmuk boivent un thé à la menthe dans des tasses striées de lignes argentées. Joy a mis un soin particulier à les servir, tentant de maintenir le calme des lieux autant que possible. Sarah cherche sur internet, à l'insu de Mcanus mais en gardant un œil sur lui, un amour supplémentaire, une amitié artificielle, qu'importe, tout pour échapper à un spleen émergent. Qui ne serait pas découragé par les événements ?

Une tension palpable remplit l'air. Les murs se referment sur les rares clients qui arrivent. Mcanus se sent comme un lièvre qu'un épervier a pris pour cible du haut des airs. Une légère odeur de viande trop cuite vient de la cuisine où est brièvement retourné Mike à la hâte. Elle pénètre les vêtements des hôtes. Une rafale de gouttes de pluie s'acharne sur les deux fenêtres qui font face à l'ouest. Mike et Joy s'assoient à une table et planifient leur semaine ; il prendra un coup, ira faire les courses, prendra un coup. Elle nettoiera la cuisine.

— Ce qui se passe ici est si louche. Je ne sais pas quoi penser, concède Mcanus.

— Ces meurtres sont troublants.

— Je parle de mon travail. Je n'ai jamais menacé la Kakahuet ni Laverge… la Dre Laverge, jamais. J'ai tellement d'autres soucis que je me fiche d'elles. Elles peuvent faire ce qu'elles veulent. Je m'en fiche. Je m'en fiche ! Je vais me taire. À partir de maintenant, je vais me taire.

Il tapote un beignet que Mike vient de lui tendre.

— Allez-y, faites votre enquête, dépensez l'argent des contribuables et oubliez d'enquêter sur les meurtres ! Bon sang !

— Mauvais sang, plutôt, cher collègue ! Vous vous faites du mauvais sang.

— Oui, bon.

— Ces crimes me font penser à une mise en scène, renchérit Zschmuk.

— On cherche à m'isoler.

— Il vaudrait mieux faire profil bas pour le moment, Mcanus.

— C'est ce que S… ce qu'on me dit.

— Tenez-vous tranquille.

— Je voudrais bien mais je crains de ne pas pouvoir. J'abhorre l'injustice et la justice me déteste.

— Peut-être devriez-vous partir…

— Partir ? s'étonne Mcanus. (*C'est une manie chez les Juifs*, pense-t-il en regardant Zschmuk et Sarah, *de toujours vouloir s'exiler.*)

— Oui, explique Zschmuk, prévoir un stage à l'étranger pour quelques semaines, par exemple, faites-vous minuscule, voire infinitésimal.

Le conseiller en herbe saisit son portable qui sonne sans cesse et se tourne sur le côté pour commencer une conversation qu'il veut secrète.

Quatre villageois entrent l'un après l'autre, suivis de Laverge et de Kakahuet, les deux voulant se détendre, savourer un café et un petit four. L'ambiance devient quelque peu festive au fur et à mesure que l'on décide d'oublier la tragédie qui prend forme et les morts suspectes qui s'agglutinent. Les malheurs sont faits pour être oubliés et les moments de bonheur pour ne perdurer qu'au fond de la mémoire. Les débats métaphysiques sur l'humanité ne comptent plus. Chacun veut décaper la couche de malheur de son âme. Un des villageois, Joe, l'ex-mari de Joy (épouse actuelle de Mike), s'adresse à Peter, l'ex-mari de Laverge (conjointe de Fukuyu) :

— Je me suis acheté une nouvelle ligne à pêche, pour la pêche en haute mer. Quatre cents dollars, j'dirions.

— J'ai payé cinquante dollars de moins cher pour la mienne, point quatre cents, réplique Peter.

— Peut-être, mais je suis sûr que la mienne est plus longue que la tienne.

— C'est point ce que m'a dit ton ex-femme.

Mcanus surveille Kakahuet du coin de l'œil. Il ne veut pas lui parler, car s'il le faisait, il lui flanquerait une telle baffe qu'elle lui ferait perdre ses dents de sagesse. Il préfère de loin, pour éviter les ennuis, s'immerger dans l'atmosphère improvisée et légère du café. Mais au bout d'une heure environ, n'en pouvant plus de se retenir, il s'éclipse, habité par des sentiments mitigés.

En retournant vers son appartement, Mcanus croit voir Fukuyu allumant un joint au loin, derrière un commerce très populaire dans le bourg. Il ressemble à un adolescent surpris en train de fomenter quelque chose. Zschmuk apparaît alors, lui qui quelques minutes plus tôt était pourtant au bistro *Life is a Splash* et s'approche de Fukuyu.

— Ne pensez pas que je suis stupide ! Distrait, oui, absorbé dans mon propre méandre de théories et de pensées, oui. Mais pas stupide.

— *Mondaï ga naï*, doc. Je m'amuse, se justifie Fukuyu en levant les deux mains au niveau de ses épaules pour montrer à Zschmuk qu'il est inoffensif.

— Je sais très bien que vous suivez ma fille sur internet.

— De quoi parlez-vous, doc ? Je n'ai aucun intérêt pour une punk comme elle !

— Eh bien, prenez garde, avertit Zschmuk, furieux, en plaçant son poing gauche sous le menton de son collègue et sa main droite à la hauteur du pistolet toujours fixé à sa ceinture. Je vous surveille de près.

Fukuyu ne se laissera pas intimider par cet érudit européen, qu'il méprise pour son air de supériorité et d'intelligence et qui maintenant se prend pour Rambo ou Prigogine. Il pointe son index, mais à bonne distance, comme s'il voulait menacer sans se battre. Il doit cependant attendre que Zschmuk finisse sa brève conversation commencée sur son portable qui vient de sonner avec insistance, avant de poursuivre son élan.

— Eh bien, méfiez-vous aussi, doc. Je sais des choses sur vous et Joy et le village ne tardera pas à les connaître aussi.

Le portable du Dr Fukuyu sonne à son tour, il répond, expie quelques phrases et raccroche pour se concentrer sur ce que son adversaire a à dire.

— N'allez pas mettre votre nez dans ma vie privée, prescrit Zschmuk en pointant son pistolet sous le menton de Fukuyu, et rappelez-vous que les mauvaises choses arrivent aux bonnes COMME aux mauvaises personnes. À preuve, les quatre décès récents. Souvenez-vous-en !

Sur ce, le professeur-chercheur biélorusse part. Mcanus n'avait jamais vu son collègue dans un tel état. *Bon Dieu ! J'hallucine ! Et si Zschmuk savait que je couche avec sa fille !* On aurait dit qu'il avait été piqué par une mouche qui l'avait rendu fou. Quoique, il faut bien l'admettre, le savant avait un côté un peu foufou. À l'évidence, la mouche a fait mouche durant l'escarmouche. Mcanus envoie un message sur son portable à Sarah. *Ils sont fous ces académiciens.*

Quelques minutes plus tard, au loin, une poubelle prend feu. Mcanus glisse son menton dans son foulard à damier rouge et blanc et accélère le pas pour retrouver l'étreinte de Sarah.

À deux heures du matin, alors qu'une demi-lune est confortablement installée dans un ciel parsemé d'étoiles, Mcanus cherche désespérément à respirer. Encore une fois, il s'est projeté hors du lit et, allongé sur le plancher en bois brut, il supplie qu'on lui apporte de l'oxygène, ne serait-ce qu'une molécule. Encore une fois, son visage vire au violet. Encore une fois, ses yeux veulent s'échapper de leurs orbites. Une autre crise d'angoisse le terrorise et l'asphyxie. Le supplice qu'il voulait infliger à Kakahuet se retourne contre lui. Sarah, qui a pu s'esquiver de la demeure paternelle et qui par chance est toujours présente lors de ses crises d'anxiété, se réveille.

— Tu devrais consulter un médecin, tu réagis beaucoup trop fort. C'est mon père qui l'dit.

— Tu as sans doute raison.

Dans le feu de l'action, Mcanus n'a pas réalisé que Zschmuk et sa fille sont de mèche.

***

Le lendemain matin, comme si rien ne s'était passé, Mcanus se dirige vers le laboratoire Labafadas avec une pincée de courage et d'espoir orphelin, cachant son angoisse à tous sauf à Sarah ; et encore, étant donné son jeune âge, il ne veut pas l'accabler. Sur son bureau se trouve une enveloppe qu'il ouvre :

Le 6 août 2022

Dr Mcanus,

Nous avons reçu une plainte déposée contre vous par la Dre Laverge. Nous vous informons que conformément aux règles, normes et procédures explicitées dans le Code universitaire contre le harcèlement, articles 7.5, alinéas a et bb, nous vous reprochons ce qui suit :

1) Vous avez menacé la Dre Laverge au moins une fois ;

2) Vous avez exprimé des commentaires désobligeants à son égard envers ses collègues à au moins deux reprises.

Nous aimerions vous rencontrer pour revoir votre rôle et vos fonctions.

Vous vous présenterez à la salle 124 b du laboratoire le...

— Mais qu'est-ce que c'est que ce caca ?

Il voit la signature apposée au bas de la lettre :

L. Kakahuet

Évidemment.

— Espèce de petite garce. Salope ! Putain de putain de putain ! PU-TAIN ! GARCE !

Et si Laverge avait quelque chose à voir avec les meurtres ? On cherche à se débarrasser de lui parce qu'il flaire les coupables, c'est ça ? Mais que sait-il qu'il ne sait pas qu'il sait ? Il bouillonne, crie « enfoirée ! », puis tente de se calmer en tordant une pile de papiers de ses mains rageuses, avant de quitter son bureau.

Dans le laboratoire, une vingtaine d'étudiants newyorkais s'émerveillent devant ses habiletés techniques et l'élégance de ses idées. Chez n'importe quel autre chercheur scientifique, elles paraîtraient hautaines, mais chez lui, elles fusionnent, ce que ses collègues jalousent. Avec lui, les jeunes chercheurs en devenir ne s'ennuient jamais, même s'il est vrai que certains d'entre eux ne peuvent se soustraire à l'appel criant et indomptable de leurs portables, des vidéos inutiles sur YouTube, des photos lascives sur Facebook, des missives vides de sens sur TikTok, des tweets plus urgents les uns que les autres et des messages incongrus de sites multiples, agissant tous comme les sirènes de l'Antiquité grecque qui enchantèrent autrefois Ulysse avec leurs mélodies éthériques.

Pendant ce temps, Bourdonelle marche hâtivement hors du corridor adjacent. Ses pas, bien que rapprochés l'un de l'autre, sont rapides. Elle quitte le Labafadas et se dirige vers *Life Is a Splash*. Une fois sur place, elle s'assoit confortablement et commande un café. Elle est fière d'elle, fière d'avoir mis la lettre de plainte sur le bureau de Mcanus. Elle s'est vêtue de ses vêtements habituels faits de soie, de mousseline et de taquinerie sexualisée. Elle a accroché sa veste à une excroissance en bois près de la porte principale et révèle son corps à l'aide d'une robe couleur taupe qui, sous la lumière environnante, se confond facilement avec sa peau. Le spectacle gratuit laisse les quelques mâles présents bouche bée pour les uns, bouche souillée de salive canine ou carrément lobotomisés pour les autres. Elle porte un collier de perles assorties à ses boucles d'oreilles blanches et une bague en or blanc. Son parfum délicat et têtu exalte les hormones des statues masculines collées à sa présence. *Ils ont de la difficulté à se concentrer, enfin, un peu plus que d'habitude,* pense Mike, qui est témoin de la scène pendant qu'il astique un verre avec un torchon pour le rendre immaculé.

— Votre parfum me rappelle mon ancienne petite amie, j'dirions, caquette un villageois.

— Vraiment ? C'est du Coco Chanel, acheté à Paris, lors de mon dernier voyage, sur la rue des Champs-Élysées… mais tu ne connais pas.

Bourdonelle épluche mentalement les faits récents. Puis elle dresse méticuleusement une liste des ennemis potentiels de Mcanus, y compris elle-même bien sûr, en faisant glisser à la surface de son carnet de notes son stylo à bille Mont Blanc, que son prétendant le plus récent (Fukuyu) lui a récemment offert en espérant voir sa générosité compensée par des gestes altruistes d'une nature non équivoque et qui permettent normalement d'imaginer un septième ciel. Il n'y a pas eu de septième ciel, ni de sixième, ni de cinquième, ni de quatrième, troisième, second ou premier ciel. La dégringolade fut pénible. Il n'est en fait resté que le ciel qui appartient à tous, même à ceux qui l'enflamment avec des bombes. *Elle utilise le sexe comme un poison*, pense Mike qui la scrute de derrière son comptoir.

À une table voisine, la fille de Zschmuk est occupée sur son portable. Elle se sent libre, libre de s'habiller comme bon lui semble. Au grand dam de Mcanus, elle a teint (sans le consulter) ses cheveux en trois couleurs qui font honneur au laboratoire où son père travaille. Le dessus du lobe frontal exhibe une couleur saumon clair, la partie pariétale droite, un bleu marine et la partie pariétale gauche et l'arrière, une teinte vert aquatique. Elle a décidé qu'un rouge à lèvres noir épais rehausserait sa beauté naturelle. Plate comme une limande, elle s'encombre maintenant d'un soutien-gorge rembourré à la mousse de polyuréthane. Son jean, qu'elle porte serré, a plus d'espaces vides que de fil. Elle a quelques tatouages temporaires sur les avant-bras, avec des images macabres : une croix gammée, un crâne de pirate, un formulaire de déclaration de revenus pour l'impôt. De lourdes bottes de cuir rampent depuis ses orteils jusqu'à ses genoux. La plupart des étrangers seraient décontenancés en la voyant pour la première fois, elle, soldate nord-coréenne confrontant Donald. S'ils la croisaient sur le trottoir, ils préfèreraient nul doute marcher sur la route au risque de se faire écraser par des automobiles, qui, à ce moment-là, sembleraient moins menaçantes. Elle s'adresse à Bourdonelle :

— Alors, Dr Bourdon ?

— Bourdonelle, c'est Bourdonelle, chérie, insiste-t-elle, en attirant Arafat vers elle avec un biscuit, qu'il avale goulûment.

— Tu crois point que la police devrait faire quoique chose ? Tous mes amis veulent savoir. On a tous peur. On dort point la nuit. Des maisons sont cambriolées et des poubelles incendiées, encore y'a point plus longtemps que dans l'passé. Y a eu des meurtres. Les voleurs et les assassins sont p't-être ici, parmi nous, avec nous… ou sont nous.

Bourdonelle, surprise par cet élan de la part d'une adolescente d'habitude réservée, essaie de la convaincre que le shérif Bish fait son possible. Mon Dieu ! Il fait vraiment ce que commandent ses fonctions policières et son dévouement éthique.

— Nous devons examiner la quintessence de nos vies de façon non stochastique (*Dégénérée !*).

Elle ajoute, avec une parcelle de poésie qui occupe soudain son esprit troublé :

— Let those thieves, in hell, rot, for money, of all evils, is the root. Let them steal a lot, for they will, one day, pay for the loot. Voilà !

— Putain, j'parle point l'anglais de *milkshake* !

— Shakespeare.

— Ouain, bon.

— Oui, en effet, ajoute Bourdonelle en levant le bout du nez, puis les narines.

— Ouain, mais d'habitude, les poubelles s'enflamment point par elles-mêmes, j'dirions.

— Que tes observations sont pertinentes ! concède Bourdonelle.

Bish, qui vient d'entrer dans le bistro et a entendu une partie de la discussion au milieu des airs folkloriques locaux qui jouent sur les haut-parleurs, confesse, en s'approchant :

— J'ai point de succès avec les *homocides*... L'enquête tétine.

— Piétine.

— Oui, piétine, hum. Mais je me battrai contre vents et marées hautes, j'dirions.

— Vous êtes sur la bonne piste, le rassure Bourdonelle.

— Du coup, j'fais de mon mieux mais j'ai point de piste. Point de motif. Point d'armes. Point de témoins. Point de chose… d'empreintes, c'est du travail de pros. Point des gens d'ici. Nous, on a tous des empreintes digitales ici au village.

— Vous êtes le « plus meilleur », renchérit Bourdonelle, qui taquine à sa manière cette *espèce de citoyen bêta* et vous arrivez, justement, à point.

— Les enquêtes sur les meurtres sont difficiles, dans notre commune plus qu'ailleurs. J'ai vérifié les antécédents des victimes et j'ai trouvé point d'ennemis et point de raison, que dal. On s'connaît tous ici.

— C'est vrai, ça, cautionne Joy qui est assise pas trop loin.

— Vous êtes le plus meilleur, croyez-moi.

Mcanus, qui entre à ce moment-là, n'a-t-il pas été en mesure de trouver au moins un alibi lors de son récent séjour à Paris ? Qui sait ? Un intellectuel qui tue, ça s'est déjà vu. C'est quoi son nom déjà… Ted Kaczynmachin truc, le « Unabomber » ? C'était un meurtrier universitaire, non ?

Mcanus va vers Laverge et la confronte, elle qui est arrivée au café *Life is a Splash* quelques minutes avant lui. Un villageois un peu à l'écart tente depuis une demi-heure de tomber dans le piège des plaisirs sexuels de Bourdonelle, un faux piège vraiment ou plutôt, le piège d'un piège. Il contemple la scène.

— Vous êtes complètement cinglée, ma parole ! crache Mcanus à Laverge, qui se tient droite.

— Je vous demande pardon, j'dirions ?

— Ce n'est qu'une infime et atroce partie de l'énigme en évolution, intervient Zschmuk dont les arguties sont légendaires et qui est assis à la table voisine, concentrons-nous sur cet aspect de l'évolution des choses comme sur une variable secondaire… nous avons une plainte, ici, qui…

— N'importe quoi, lance Laverge.

— Je suppose que la plainte de Laverge… la Dre Laverge contre moi est une simple mesure de représailles, mais pourquoi donc ?

— Quelle atmosphère toxique ! commente pour elle-même, la fille de Zschmuk, toujours occupée à une autre table à surfer internet en agitant les doigts frénétiquement sur son portable.

Les humeurs académiques s'enflamment, les ego se défient, les tensions s'intensifient avec une dose nocive d'animosité et de ruse. Les joutes verbales entre les savants du Labafadas s'avèrent bientôt stériles ; elles finissent en queue de poisson. Mcanus a dit ce qu'il avait à dire et quitte le bistro.

Les assassinats demeurent un casse-tête et personne ne semble vraiment vouloir les résoudre.

Un villageois s'exprime :

— Le Dr Mcanus a raison. Au lieu de nous tirailler tous, on devrait p't-être trouver les assassins.

— Il n'a jamais dit ça, conteste Bourdonelle. Vous êtes jaloux parce que nous, au laboratoire, sommes utiles à la société. Vous pouvez continuer à jacasser autant que vous voulez, je m'en fiche. Voilà !... Mike, je vais prendre mon brunch habituel.

— Si vous plaît, corrige un deuxième villageois pour l'inviter à compléter la phrase.

— S'il vous plaît, rajoute l'érudite Bourdonelle d'un ton condescendant, en regardant l'intrépide du haut de son immense savoir perdu dans les nuages.

— Bêêê, yep, ben y a des gens qui travaillent par ici, argue un troisième villageois.

— Vous ne comprenez pas. Il s'agit d'années d'injustice sociale et de cliques de bureaucrates qui jouissent des privilèges pendant que nous, nous avons de la difficulté à boucler les fins du mois.

— Ça, pour avoir de la difficulté à la boucler...

— Parlez-moi de travail, rajoute le premier villageois, vos théories à la con on n'en a rien à cirer.

— Vous devriez. Ça compte. Je dirais même que c'est de la plus quintessentielle importance.

Aïe !

— Allez-vous faire foutre, bande de carpes ! Ça compte pour vous quand ça fait vot' affaire. Vous ne croyez point aux singeries que vous dites.

— Ah ! Mais si ! J'y crois. Mais je demeure, en bonne scientifique, toujours sceptique.

— Ah ! Vous voyez ? Vous l'admettez, lui relance le villageois. Vous croyez pis vous croyez point !

— ÇA, C'EST DU CHARABIA DE TÊTES FOLLES !

— Je vous corrige, réplique l'académicienne Bourdonelle en levant la tête fièrement, je ne suis une sceptique qu'en apparence ; en réalité, je suis une fausse sceptique.

Les locaux et les universitaires s'enferment vite dans leurs positions, se concentrant sur leurs repas (bisques au homard ou pâté maison au poulet) et leurs cafés, convaincus que discuter davantage ne mènera nulle part. C'est comme si les homicides semaient la zizanie. Bourdonelle marmonne entre ses dents « javellisées » par des soirées entières de traitement blanchissant : « N'empêche, cette pute de Mcanus devrait s'occuper de son fils au lieu de jouer à Socrate. »

Un villageois confirme : « Ouain, qu'il joue avec son scrotum chez lui, point ici. »

Les choses, les paroles, les pensées, les gestes sont inexplicablement figés dans le conflit des moyens et de l'unité des buts. Bourdonelle rêvasse : les nouvelles de plus de trois cents manifestants, dont vingt-six blessés et un garde frontalier tué, font la une de certaines stations de télévision nationales. Les immigrants illégaux arrivés à pied par centaines depuis l'Amérique du Sud, se bousculent et foncent droit sur les sentinelles. Certains manifestants leur jettent des pierres; des citoyens américains, à cent mètres d'eux, décident de faire loi, s'arment et tirent aveuglément. Les choses dégénèrent. Cela la fait vibrer d'un malin plaisir. Chaque période de révoltes et chaque seconde de chaque journée acrimonieuse représentent une source de joie. Ces nouvelles masquent les nouvelles locales : personne en dehors d'Old Sunnybrook ne sait ce qui s'y passe.

— Notre condition sociale constitue en réalité un handicap social, dit-elle à voix haute, une destinée incapacitante qui équivaut… tiens… imaginez l'honorable Fukuyu courir le cent mètres olympique avec une seule chaussure (de griffe Armani si ça tenait de moi).

— Avec un talon haut ! claironne un villageois et tous ses camarades se mettent à rire. Ah, ah, ah !

— Nous, ma p'tite dame, on se débrouille très bien sans vous, j'dirions, renchérit Joe.

— C'est vrai ça, on s'débrouille avec les moyens du port et ça nous suffit.

Mais le rire narquois du groupe est soudain interrompu. Un homme entre, essoufflé.

— C'est le Dr Ping Pong, j'dirions !

— Fukumachin ? questionne Joe.

— Quoi, le Dr Fuckyoumachin ? s'enquiert Peter, sur la lancée railleuse.

— Assassiné.

— Mince ! Qui qui va prendre les photos ?

Comme pour les autres décès, le villageois explique, avec un soupçon de pusillanimité, qu'il a trouvé une note. Bourdonelle lit le message, arraché des mains du messager de malheur pendant que le Dr Arafat lui renifle la cheville pour y faire pipi :

« Point une feuille ou une branche qui bouge
Pas un seul oiseau, ni repu ni chantant
Au bord de l'horizon balbutiant et rouge
Un rayon métallique intermittent
Là-bas, j'dirions, notre triste avenir se termine
Il y a un large tunnel où on s'engouffre, vermines
Écrasées par la cargaison des efforts sur notre dos
Devant nous, la route pénètre le flanc des coteaux »

— Je crois reconnaître ce texte, dit Mike, qui revient de la cuisine sur ces entrefaites, en titubant et en se frottant les mains. Il me rappelle un poème que récite parfois monsieur Gargel quand il vient ici.

— Mais quoique c'est ben qu'on en a à foutre ? Ça veut dire quoi ce char à tabac ? demande un des villageois, sidéré comme Joe, Peter et tous les autres.

— Charabia.

***

Le 8 août 2022

Autres morts inhabituelles à Old Sunnybrook

Le journal local d'Old Sunnybrook a appris en exclusivité qu'il y a récemment eu d'autres morts suspectes.

Selon notre shérif Bish, il y a peut-être lieu de paniquer, mais pas de tout casser. Il peut s'agir d'une série inhabituelle, a-t-il expliqué. « Affaire à suivre, j'dirions » a explicité monsieur le maire, rejoint par nos services depuis sa villa à Miami, villa gigantesque qu'il vient juste d'acheter.

***

Mike endosse mentalement son habit de psychologue, un rôle qu'il n'avait jamais vraiment pris à cœur dans le hameau au bord de l'océan. Il y est obligé maintenant, pour promouvoir son business : les villageois viennent moins souvent, ils dépensent moins. En revanche, ils se confient : ce jour-là, ils lui font confiance parce qu'ils n'ont personne d'autre sur qui s'appuyer. Il est devenu un membre de la communauté après ces années passées ici, à Old Sunnybrook. Même si le psychologue Mike se contente de hocher la tête avec, à l'extrémité de son menton, une barbichette qu'il laisse pousser, la plupart du temps, les pseudo-patients, qui jouent le jeu ou parce que convaincus ou pour se distraire, se sentent bien. *Telle est la psyché humaine.* Certains résidents ont besoin de se vider le cœur, de pleurer, de parler et après une heure de confidences au bistro *Life is a Splash*, ils ne se sentent plus abandonnés, ostracisés, menacés. C'est aussi vrai pour les plus âgés. Mike est là pour répondre à leurs besoins. La vie n'est-elle pas toujours double ? Mike y croit : chaque humain de chaque race de chaque génération cache un jeu, affiche un sourire mais couve une honte, déploie ses lèvres de contentement mais crie vengeance.

On ne meurt jamais qu'une seule fois : pour vraiment mourir, il faut mourir deux fois.

Il faut que les deux « moi » qui forment chaque humain rendent leur dernier souffle avant de déclarer forfait définitivement. *Nous avons tous un côté sombre.*

Lorsque Bourdonelle visite le café, elle se plaint des hommes qui la larguent toujours de manière foudroyante. Arafat, lui, ne se soucie guère de raconter ses malheurs. Ce qu'il veut, c'est un os. Lorsque Zschmuk se présente, il admet qu'avoir une liaison avec une femme mariée (dont il tait sagement le nom) est contraire à ses principes religieux pourtant très stricts : « Oui, en effet, » explique-t-il alors que son visage s'empourpre, « normalement, nous devrions batifoler dans un lit, pas dans une cuisine. »

La plupart des pseudo-patients expriment inquiétudes, angoisses, doutes, soupçons et plusieurs lient les crimes avec le laboratoire de recherche Labafadas, non pas avec le monsieur Gargel. Kakahuet met son estime personnelle de côté pendant un certain temps ; elle avoue qu'elle déteste Mcanus. Elle est jalouse de lui, car il lui a volé temporairement le cœur de Bourdonelle. Quand Sarah se plaint qu'elle se sent laide et un peu généreuse sur les bourrelets autour des hanches, la privant officiellement ainsi de relations sexuelles (cachant sa relation à Mcanus), explique-t-elle, Mike reste coi. Une meurtrière ? Na, trop candide. Joe, un des villageois, un assassin ? Aucun motif. Contre nature. Le shérif Bish serait coupable ? Non, il est beaucoup trop occupé avec les démêlés interminables qu'impose sa femme dans la demeure familiale, « comme le font beaucoup d'épouses », le rassure Mike. Et, on le sait, il est vraiment con. La Dre Laverge vide son sac ; il semble qu'elle voulait divorcer du Dr Fukuyu, cet infidèle parmi les infidèles, dont le passage dans l'au-delà avait été souhaitable, c'est vrai, et souhaité. Dommage qu'il soit parti sans douleurs atroces et prolongées et qu'elle n'ait pu l'embaumer avec ses torchons d'articles scientifiques. Bien fait pour lui ! Mais une meurtrière ? Son mari n'a laissé aucun héritage : il avait perdu son patrimoine au Japon qu'il avait quitté au pied levé. Bourdonelle ? Oui, ben oui, c'est possible : elle en a gros sur le cœur, mais en même temps, cela ne tient pas la route. Elle a besoin de ses acolytes pour mener à bien son projet de faire exploser G. G. Gargel et sa ribambelle d'escrocs au pouvoir. Mcanus ? À considérer. Et lui, Mike ? Oui, possible. Rien n'est exclu. Finalement, il n'y a que le Dr Arafat qui n'a pas de problème, comme quoi, pense Mike, il est toujours bon de mener une vie de chien.

Le lendemain, le 8 août 2022, Kakahuet est retrouvée assassinée dans son bureau par nul autre que les docteurs Mcanus et Zschmuk. Ce décès choque Mcanus. Sa théorie naissante à l'effet de laquelle elle complotait contre lui, de mèche avec le partenariat Université Soho-gouvernement, s'effondre. Si vraiment un complot se tramait, notamment parce qu'il aurait su des choses qu'il ne sait toujours pas qu'il ne devait pas savoir, Kakahuet aurait probablement été la dernière à être assassinée, car elle avait les moyens de le faire suspendre par une quelconque tactique « bureaucrato-politique ». De plus, c'est une femme, alors que les autres victimes étaient des hommes. Cet abrupt décès ramène chacune des explications sur le défilé des cadavres qui sévit à un constat inévitable : la mort n'a aucun sens. Henry a découvert le corps sans vie de Matthew et de John, qui lui n'était aucunement lié à quoi que ce soit dans la communauté, hormis à une équipe de basketball. Henry n'est plus, sans raison apparente. Le décès du Dr Fukuyu s'ensuit mais demeure inexpliqué. Comment justifier celui de cette garce à la tête de Turc ? Il y avait d'autres proies potentielles bien plus faciles, comme Mcanus lui-même, par exemple. Si on voulait se débarrasser de lui, il suffisait de l'assassiner lui, plutôt que de s'en prendre au Dr Fukuyu ou à quelque autre malchanceux. C'est certain, tous ceux qui sont décédés sont liés de près ou de loin au groupe d'extrême droite *La Colère des Frontières*. Ça, il n'y en a pas à en démordre, conclut le Dr Arafat.

Kakahuet a dans la bouche un morceau de papier que Mike lui retire lentement et qu'il donne à Bish, qui le récite à tous ceux qui ont immédiatement été attirés tels des vautours par la scène du crime :

« Ô, j'dirions, Terre d'accueil rêvée
Sur ta peau polie couleur de cuivre
Nous placerons nos sanglots secrets
Nous nous plierons à ta façon de vivre
Nous serons pour toi maîtres et valets
L'oubli parfois retourne à ses souches
Promesse est faite : de notre vie farouche
Nous faisons don pour l'éternité »

— Je suis sûr de connaître ce texte, insiste Mike, dont la voix résonne lourdement.

— Bêêê, c'est quoique que c'est ben que ce truc ? demande Bish.

Dans le tunnel-caveau, Kakahuet rend l'âme exactement au même moment.

***

Navigant sur l'écume des heures, le shérif a brièvement considéré près de vingt personnes comme potentiellement suspectes, dont Bourdonelle, qui semble manifester peu d'émoi envers la départ ultime de Kakahuet, dont elle était proche et confidente. La guerre contre l'envahisseur latino bâillonne à nouveau la nouvelle des abominations qui s'amoncellent à Old Sunnybrook. Ces assassins dans le village, qui sont-ils ? La révolte frontalière lointaine est une bénédiction déguisée pour eux. Le démembrement psychologique de la petite communauté sied à Bourdonelle, car elle y retrouve sa propre condition humaine inhumaine. C'est à Mike d'en juger à ses heures de pseudo-psychiatre. Les deux séries d'événements, la révolte lointaine et les meurtres, présentent d'étranges disparités et similarités. Elles sont aux extrêmes, les unes semblent parfaitement chronométrées et planifiées, les autres demeurent incompréhensibles. Les deux sont violentes et sont le fruit d'émotions refoulées. Mais cette démocratie du cœur, chantonne Mike à ceux qui l'écoutent, diverge complètement de la démocratie de la raison.

— C'est une hypothèse intéressante, cher collègue : nous vivons tous dans une boîte de Pandore, conclut Zschmuk en levant l'index vers le ciel.

Assise avec Joy au bistro *Life is a Splash*, à l'écart d'un groupe incontrôlé de villageois, tous mâles, produisant un vacarme assommant en brandissant leurs chopes de bière, Bourdonelle s'exprime :

— Les choses se développent bien, mais un peu trop violemment à mon goût. Nous sommes en train de nous trahir nous-mêmes. Voilà !

— Ouaf !

Joy, d'un coup, cou tendu, courrouce puis concourt :

— Nos dirigeants en ce moment, c'est du n'importe quoi.

Joy parle de tous les gouvernements.

Celui que blâme *La Colère des Frontières* aussi, bien entendu.

***

Dans le tunnel-caveau, Bourdonelle, qui vient de consommer un peu de crack à l'insu de tous, et qui s'est affaissée après avoir contesté le droit à la vie à un mur de pierre et de terre plus obstiné qu'elle, fait un rêve. Elle organise une boum au manoir de son petit ami (Fukuyu, celui qu'elle a abandonné à son sort dans un hôtel cinq étoiles sans septième ciel peu de temps auparavant). Le domaine pharaonique de G. G. Gargel peut-être, qui sait ? Mike se dit très surpris de ce cirque parce qu'il est au courant de la relation difficile qu'elle et le docteur nippon entretiennent ; elle s'est plainte secrètement à quelques reprises de son manque d'intérêt pour le sexe. *Tu parles* ! Zschmuk, levant l'index vers le ciel, concocte une phrase indéchiffrable témoignant de sa connaissance de feu Fukuyu :

— Son hostilité honteuse avait horreur des talons hauts, lui, humble homme, héros hanté, qui, dans sa hâte, a hélé sans jamais, tel un hardi hibou, hululer.

Ce à quoi la plupart des invités qui l'entendent rendent compte éloquemment :

— Heu ?

— Je parlais yiddish.

Bourdonelle n'éprouve aucun plaisir si elle ne met pas en valeur ses richesses, n'épate pas les convives, ne pavoise pas le nez en l'air et ne taquine pas les secrétaires en se déhanchant habilement, en espérant qu'elles reluquent ses atouts de femme fatale sur talons hauts.

Ses allures de femme qui tue.

Elle a invité Mcanus à contrecœur. Elle a aussi convié Mike pour lui tendre un piège, car elle cherche encore à assouvir sa soif de vengeance contre celui qui, des années auparavant, l'a violée.

— Aïe ! émet un convive.

Le manoir du Dr Fukuyu contraste avec les autres maisons du bourg. Le savant l'a décoré avec beaucoup de goût et lui a donné une splendeur inégalée. Les murs sont recouverts de tapisseries gaufrées, d'où se détachent des rideaux de satin presque par surprise, comme des bas-reliefs, dans le cadre des larges fenêtres qui s'ouvrent sur l'horizon. De vastes miroirs surplombant des tables incrustées de pierres précieuses renvoient des images dans un enchevêtrement complexe qui les découpent tantôt à la manière de Gauguin, tantôt à celle de Braque. Dans l'entrée, un immense escalier impose sa présence luxueuse lorsque les invités traversent les portes en chêne de trois mètres de haut. Les statues de marbre, les parquets de cerisier et les carreaux de céramique importés d'Espagne, y compris dans les deux cuisines, trahissent une richesse indéniable, tandis que les peintures d'impressionnistes français rivalisent avec des gravures japonaises et des laques chinoises. Dans le salon, une gigantesque cheminée ornée de feuilles d'argent propose de garder les invités au chaud pendant que l'hôte les invite à se goinfrer de caviar, de sushi, de sashimi, de soucis et quantité d'autres plats qui mettent aussi l'eau (et le vin) à la bouche.

— Dans quelques jours, il y aura un nouvel acte de colère aux frontières texanes, prédit Henry.

— Ne me cherchez pas, commente Mcanus en tenant une coupe de champagne. Quel gâchis !

— *Arbeit macht frei,* cite, étonnamment, Zschmuk.

— Zschmuk-san, s'il vous plaît, reproche Fukuyu, dégoûté, sachant qu'il fait référence au camp de concentration nazi d'Auschwitz, en Pologne, pendant la Seconde Guerre mondiale.

— Eh bien, sachez que les révolutions, françaises ou russes, peu importe, furent basées sur un profond dégoût de la bourgeoisie, ajoute Zschmuk, mais dans le cas présent, je postule que la jalousie est plus au cœur du mécontentement qu'un sentiment profondément ancré d'abus hiérarchique.

Aïe !

— Excellente observation, je suis d'accord, dit Mcanus.

— On ne verrait jamais ça au Japon, observe Fukuyu.

— En effet, confirme Zschmuk en levant l'index vers le ciel, les tentacules du système *keiretsu* empêchent l'épanchement de mécontentement social par le biais d'une toile inconsciente d'auto-obsolescence.

— Bêêê, ouain, ça, c'est ben vrai, concède un villageois.

— Ouain, rajoute un de ses amis, en hochant la tête en regardant le fond de son verre de bière.

À un moment de la soirée festive, Bourdonelle prend un invité par le bras et se met à pleurer.

— Quoiqu'y a qui va point, ma poulette ?

— Oh, merci de demander avec un tel taux d'intérêt, c'est si dur pour moi, mais tu ne peux pas comprendre. (*Quel arriéré !*).

— T'as-ti des problèmes de couple ?

— Nous ne sommes pas mariés.

Elle détache sa tête du mouchoir où elle vient de déposer ses larmes en couinant. L'homme un peu embêté propose :

— On peut l'faire discrètement.

— Faire quoi ? demande Bourdonelle, en levant un œil dubitatif couplé d'un air affligé. Je n'ai pas de problèmes, tu ne comprends pas.

— Ouaf !

— Oh, hum.

L'homme est de plus en plus confus à mesure que les secondes défilent ; il prend des inspirations rapides dans son inhalateur. Arafat, lui, semble comprendre ce qui se passe. Lui aussi bouge de la queue.

— Je n'ai pas de problème… pas inextricablement imbriqué dans le tissu de mon existence. Voilà ! C'est vrai, crois-moi, enjoint Bourdonelle, les yeux embués.

— Ouain, je te… je vous crois… j'dirions.

— Pas avec lui.

— Avec lui ?

— Non, idiot ! Avec *lui* !

Le rêve de Bourdonelle se termine.

Un corps inerte repose à ses pieds.

Meurtres en continu

— Comment ça, un autre meurtre ? demande Bish. C'est point possible !

D'un geste de la main, il détache son stylo des spirales rouillées de son bloc-notes puis imprime des mots furieusement. Ses globes oculaires se mettent à tourner en rond. Bientôt, ses doigts tapotent son menton et sa lèvre inférieure. Mcanus poursuit avec un rire nerveux, embarrassé.

— Oui.

— Quand que c'était ?

Bish n'arrive pas à croire que personne n'ait entendu parler du nouvel ancien meurtre, celui de Laverge, qui a eu lieu près du village, un peu plus tôt ce 10 août 2022. Un cri avait résonné dans le bois avoisinant. Un cri horrible, quelqu'un suppliant pour sa vie, désespéré de devoir se plier à la fausse indulgence de son (ou de ses) tortionnaire(s), personne n'aurait pu le dire. La plainte s'était démultipliée, alors que l'intensité des secousses humaines avait diminué à chaque tour de manivelle des cruelles secondes les séparant de l'au-delà. Des hurlements sortis du désespoir le plus profond firent peur à la mort elle-même. Mcanus, troublé, intimidé, effrayé par la découverte du corps, avait fui le lieu du crime sans tenter de demander de l'aide. Son corps avait tremblé pendant plusieurs heures ; ses crises d'anxiété s'étaient répétées en rafales. Puis il était allé décrire à Mike l'effroyable scène au café *Life is a Splash*. Le shérif Bish les avait promptement rejoints.

— Retrouvé dans une position bizarre, point « naturelle », j'dirions même inhabituelle ?

— Oui.

— Vous avez peur que je vous accuse du méfait, p't-être ben ?

— Oui. J'en ai parlé à Mike avant et il a considéré que je pouvais être lavé de tout soupçon, puisque pendant les cris, qu'il a entendus lui aussi, j'étais avec lui.

— Du coup, un mot ? Un poème ?

— Oui. Entre les dents.

— Donnez-le-moi à moi.

Le shérif le lit :

« Je vous quitte par une nuit froide, privée d'étoiles
Images perdues d'un pays caché derrière un voile
On sait la mer à plat ventre, avec au-dessus d'elle
Comme des chantres, quelques nuages en forme d'ailes
Viendrez-vous, j'dirions, chercher des flots tranquilles
D'une voix gémissante, entre algues et coquilles ? »

En homme de lettres qu'il est, il rajoute :

— Merde !

— Bien dit, shérif.

— Il y a un nom au bas du mot.

— Un nom ?

— Heine.

— Du ketchup ? demande le flic.

— Heine, pas Heinz.

— Le meurtrier ?

— Non, Heine comme le poète juif allemand Heinrich Heine… de la période romantique allemande.

— Habituellement, commente Bish en laissant libre cours à ses pensées et en se grattant le menton puis en ouvrant son calepin de notes et en le lisant, les tueurs agissent par dépit, par vengeance, par satisfaction sexuelle, pour détruire un ennemi par cupidité ou par quête de pouvoir, quoique chose comme ça. Il est clair qu'y a maintenant un mode opératoire, un *botus opérati* comme que j'dis, un tueur en série.

— Comment ça, un tueur en série ? interroge, incrédule et soulagé, Mcanus.

— Ouain, c'est point habituel. C'est du tueur en série. Oui monsieur.

— Un tueur en série ici, à Old Sunnybrook ?

— Ouain, c'est typique du *botus opérati* d'un tueur en série, j'dirions.

— La vie est une tueuse en série, déclare Mike qui se joint à la discussion en s'essuyant les mains sur son tablier.

— Qu'est-ce qui se passe ? demandent des villageois qui arrivent nonchalamment au bistro.

— J'en dirai point plus à c't heure.

— Allons, chef. Ça sent le poisson pourri. Vous nous cachez quoique chose.

— J'vous en dirai plus un autre jour. La situation devient complexe, concède Bish, elle devient même plus inhabituelle que d'habitude. Il faut agir vite, mais len-tement… sans se presser.

Et puis, bon Dieu, y pourraient point tous mourir en même temps ? Ça serait ben moins compliqué !

Au même moment, dans le tunnel infernal, une pensée traverse l'esprit de Bourdonelle : *Les hommes ne sont pas faits pour les émotions intenses, les regrets ou l'amour bilatéral*, alors qu'elle réalise que le corps qui gît à ses pieds est celui de Laverge. Encore un cadavre. *Nous y passerons tous.* Elle observe ceux qui sont en train de creuser, les seuls autres complices qui restent en vie : Mike, Joy et Zschmuk. Laverge n'avait manifesté aucun sentiment face au décès récent de son mari, décès qui était quelque chose qu'elle anticipait ou désirait ardemment vu son infidélité maladive. Elle ne peut pas être la meurtrière en série, juge-t-elle.

Mcanus non plus.

***

C'est jour de fête ce 11 août 2022, malgré les assassinats non résolus. La route qui mène au somptueux chalet de G. G. Gargel est barrée pour empêcher la circulation automobile. Le lobbyiste a été prévenu que le village historique, fidèle à ses habitudes annuelles, allait se célébrer lui-même pendant deux jours. Pour sa part, le mormon a prévu des festivités avec ses amis les plus proches, sa femme et ses enfants.

La bourgade est quadrillée avec des banderoles jaunes et des blocs en ciment et même le cimetière, situé à l'extrémité nord-est, est décorée de froufrous et de drapeaux verts. La rue principale, la *Main*, qui le traverse du nord au sud, a mis ses plus beaux habits et est coiffée de haut-parleurs qui jouent des chansons d'Elvis, de Bob Dylan et de Garth Brooks. De la première rue à la cinquième, sur les trente-cinq que compte le village, de chars allégoriques roulent lentement dans le vacarme de leurs klaxons, en transportant des locaux, fiers de leurs chefs-d'œuvre motorisés. Ils jettent des bonbons aux enfants alignés sur chaque côté desdites rues. Un brouillamini de kiosques et d'étals s'étend le long des rues secondaires. Le port exhibe des chalands décorés pour la circonstance et des bateaux aux noms plus exotiques les uns que les autres qui doivent coûter une petite fortune. Un bazar attire une foule un peu en retrait.

On s'agglutine autour d'un clown et on cherche à gommer le récent marasme. La peur se tient en maraude ; elle est prête à surgir tel un félin assoiffé de sang. Le commune brille de toute sa splendeur et les quelques neuf cents âmes, moins les récentes victimes et un vieillard décédé de cause naturelle, paraissent heureuses. La vie communautaire à la dérive, les décès en succession de John, de Matthew, des savants Henry et Fukuyu, puis de Kakahuet et de Laverge appartiennent au passé. Il faut vivre : le shérif Bish, même exempt de ressources, arrivera à trouver le tueur en série, qui n'est certainement pas de la région.

Bish, qui se balade parmi la foule agitée et noyée de soleil, de musique, de cris joyeux et de chants, écoute le récit des quelques tristes souvenirs que Bourdonelle lui déclame. Il tente de savourer une glace près des stands d'animation culturelle où la docteure lui avait donné rendez-vous. Plutôt que de se rencontrer à cet endroit sans descriptif précis, elle avait fait référence à la statue d'Abraham Lincoln adjacente et qui marque le centre géographique du village, de manière imagée :

— Rendez-vous sous son trou du cul.

— Quel trou du cul ?

— Celui d'Abraham, évidemment.

Estomaqué, le shérif avait retenu son souffle quelques secondes, avant de confirmer sa présence au lieu et à l'heure indiqués par l'érudite. Il s'y était rendu en se serrant les fesses.

Se sentant prête aux confidences et à décanter son passé une fois de plus, elle lui avoue la vérité : elle a été violée et compte bien se venger un jour. Elle a eu plusieurs aventures par la suite, dont l'une « a produit une fille » qu'elle a dû abandonner pour poursuivre sa carrière académique. Bourdonelle arrive facilement à verser de nombreuses larmes en présence de ceux qui sont aux alentours. Là, un juge peut-être ou un avocat. Là encore, un riche instrument masculin. *Les gens qui manipulent les autres de cette manière*, pense le shérif, *peuvent parfois faire des choses inhabituellement terribles, j'dirions.* Bourdonelle : une manipulatrice qui utiliserait n'importe qui pour servir ses intérêts inavoués, comme celui de la vengeance ? Est-elle l'auteure des crimes odieux, peut-elle être une tueuse en série ou a-t-elle ordonné ces homicides ? Serait-elle au sens propre une femme fatale ?

Les crimes inexpliqués dévorent alors l'esprit du shérif Bish, qui écoute à moitié la chercheure dont la jupe colle à la peau, révélant chacun de ses contours morphologiques. Il n'a pas trouvé d'armes, n'a identifié aucun motif, mais prédit qu'il y aura d'autres meurtres. *Ça ouain ! Y'en aura d'autres. C'est certain que c'est sûr. Oui monsieur.* Cependant, il devra se lever tôt le matin, le malin marin qui saura qui sera le prochain moussaillon à tomber au combat. Les meurtriers (ou le meurtrier) n'ont pas agi comme s'ils étaient pressés ; ils ont pris le temps de trimbaler des bouts de papier pour que les victimes aient des poèmes à se mettre sous la dent. À l'évidence, les meurtriers avaient du temps à perdre ou, comme l'avait très justement fait remarquer Laverge avant d'en être victime elle-même : « They had time to kill. »

Bish erre bientôt parmi les rues bondées comme dans un labyrinthe. Une flopée d'enfants surexcités lui coupe la voie. Il croise un jeune adulte en train d'ingurgiter une bière à pleines gorgées avec quelques amis. Ce jeune homme nerveux, Bob Bish, un de ses neveux, est certainement celui qui pourrait être le meurtrier, car il est un délinquant notoire. Cependant, il n'a pu agir seul. Il n'a pas l'intelligence requise pour planifier les crimes en question ou écrire des poèmes tous plus énigmatiques les uns que les autres. *Ils ont sans doute été écrits par un académicain.* Le jeune homme a certainement le profil du délinquant : homme, blanc, la vingtaine, enfance difficile. Mais on peut difficilement croire qu'il ait pu tuer de sang-froid tout en commettant un incendie criminel, car Bish reste persuadé que ce jeune homme est aussi le mécréant qui incendie les maisons du voisinage et les poubelles qui, comme des sentinelles, semblent monter la garde le long des rues et des ruelles.

Mcanus est aussi sur la liste des suspects, au sens où, s'il n'a pas commis les meurtres, il les aura peut-être orchestrés. Pourquoi pas ? L'universitaire agit de manière singulière ; il a un tempérament explosif, vindicatif, il paraît préoccupé par son ex-femme, dont il a lui-même goûté les saveurs physiques et comportementales. C'est quoi son nom encore… Valery Fabrikant, celui qui était professeur et qui a tué quatre collègues en 1992 à l'Université Concordia, à Montréal. Des profs, ça tue. Pourquoi pas Mcanus ? C'est vrai, quoi ! Il est matheux aussi, non ? Il n'a pas toujours pu expliquer où il se trouvait aux heures des crimes (sauf s'agissant du dernier) et il n'a pas l'ombre d'une excuse, même ridicule, à donner. Il s'est mis la communauté à dos. Les chercheurs sont maladivement envieux de lui. Les villageois le trouvent hautain. Henry avait eu un litige avec lui sur les techniques à employer en laboratoire. Bourdonelle lui tenait et lui tient encore rigueur à la suite d'une courte relation romantique, selon les ragots tous plus fiables les uns que les autres.

Mais là où ça ne colle pas, c'est que Mcanus n'avait pas de motif pour assassiner John, Matthew ou Fukuyu. Pour les autres, oui. *Mais pour ces trois-là, point.* Il laisse Bish dans l'ambiguïté la plus totale. Ce dernier admire ses prouesses intellectuelles indéniables mais il demeure vigilant. *Nous sommes tous des meurtriers en puissance.*

Quelqu'un profite des meurtres, qui sont soigneusement planifiés, aucun doute. Le shérif n'est pas en mesure d'élaborer un scénario complet ou bien structuré. Il ne comprend ni le « comment » des homicides ni le « pourquoi », ce qu'il lui faut élucider pour identifier le « qui ». Pas de qui sans pourquoi ni comment.

À court de réponses, le shérif Bish, qui porte son uniforme brunâtre où il a aligné et épinglé sur sa poitrine une série de pseudo-décorations, s'approche de Mcanus, près d'un kiosque. Le professeur n'est pas d'humeur à parler ni à profiter de la fête foraine, bien qu'il cherche à se distraire. Il est soulagé par le décès de Kakahuet et par ses crises de pouvoir puériles et, concède-t-il, par la disparition soudaine de Laverge, qui lui causait bien des soucis. « Deux enquiquineuses de moins, confie-t-il, ça ne peut pas faire de mal. » Le shérif est rejoint par Mike, qui est en bermuda avec une chemise de couleur émeraude à motifs de fleurs et de papillons et qui pue l'alcool. Une horde de touristes (Blancs) passent devant eux, insouciants et bavards.

— Dr Mcanus, j'aimerais juste éclaircir quelques points, point que j'voudrais tout reprendre point par point, mais parce qu'y a des choses que j'comprends point, j'dirions. Tous ces meurtres, quelle tulipitude.

— Turpitude.

— C'est quand même bizarre. Ouain, quoiqu'y en pensez-vous ?

— Je suis biologiste, explique Mcanus, pas enquêteur criminel. Donnez-moi des crabes qui refusent de se faire pincer et je saurai peut-être vous dire ce qui ne va pas.

— Sur les homocides, une idée, Doc, aut' qu'un tueur en série ou qu'une série de tueurs ou pire, une inhabituelle série de tueurs en série ?

— Je pense que le mobile est compliqué, si vous voulez mon avis, intervient Mike. Les meurtres sont trop bien organisés pour suggérer qu'ils sont l'œuvre d'un psychopathe. Et puis, pourquoi avoir tué le petit Matthew ? Les psychopathes travaillent rarement en tandem. Évidemment, dans le cas des assassinats qui nous préoccupent, je crois qu'il y a plus d'un acteur.

— Vous en êtes sûr ou même certain ?

— Une impression.

— Du coup, vous croyez que les meurtriers veulent faire passer un message ?

— Eh bien, suggère Mike, en bon psychologue, on parle des « internalisateurs » et des « externalisateurs ».

— Point sûr de comprendre, avoue le shérif en tentant de digérer ces grands mots, qui sont assourdis par la musique populaire et les gais cris d'enfants avoisinants.

— Les premiers en veulent à la société mais gardent ça pour eux. Parfois, ils s'emportent, auquel cas, leurs actions destructrices causent des dommages collatéraux. D'autre part, les « externalisateurs » sont généralement articulés. Ils s'expriment à voix haute, à travers les médias, par exemple.

Ils veulent être reconnus, ils veulent prouver leur supériorité à tous.

— Ils écrivent des poèmes ?

— Oui, c'est possible. Ils veulent laisser des traces. Ils veulent jouer avec vous, shérif Bish. Ils veulent affirmer leur supériorité stratégique, démontrer qui est le plus rusé.

— Alors, le ou les meurtriers sont parmi vous, les chercheurs-docteurs, j'dirions ! s'exclame le shérif en se frappant le front avec sa main droite.

— Oui, ça se tient, rajoute, de manière distraite, Mcanus. Mais là, plusieurs d'entre nous ont été éliminés : les docteurs Henry et Fukuyu et Laverge. Quant à John, Matthew et Kakahuet, ils ne font pas partie du clan des professeurs. Votre hypothèse est infirmée.

Les trois hommes quittent machinalement le stand et marchent pour délier leurs jambes après avoir délié leurs langues. Ils fouinent du regard le contenu des kiosques qui offrent des bibelots, des chefs-d'œuvre artisanaux, des mets maison aux odeurs typiques de l'océan et que les fêtards sont prêts à bâfrer.

— Les villageois n'ont pas l'air inquiet outre mesure en ce moment, commente Mcanus.

— Au contraire, défie Mike. Croyez-moi, ils sont anxieux. Regardez : beaucoup se promènent maintenant en permanence avec une arme de poing en bandoulière. Du jamais vu ici ! Mais pensez-y, c'est le laboratoire qui se vide, pas le village. Plusieurs pensent même que le décès de John est peut-être accidentel. Tu parles !

— Oui, mais il avait un poème entre les dents, note Mcanus.

— Vrai, mais on choisit bien de croire ce qu'on veut croire, rétorque Mike. Regardez autour de vous : ces femmes, ces enfants veulent oublier. La plupart des gens d'ici détestent votre laboratoire et ses eunuques intellectuels.

— Et les poèmes sur chaque scène de crime ? Ça ne leur fait pas penser à un complot ? Ça ne veut pas dire grand-chose ? questionne Mcanus.

— Ça veut dire beaucoup, rétorque Mike, toujours en fin psychologue.

— Alors, Mike, commente le shérif, quoique d'aut' encore ?

— Mon instinct me dit qu'il y a un leader dans le groupe de meurtriers. Quelqu'un qui tire les ficelles. À ce niveau de sophistication, cette personne est puissante et a de l'argent. Les autres sont de simples exécutants. Ils trouvent l'excitation dans le drame, mais ils sont définitivement des adeptes, comme hypnotisés. Genre Charles Manson.

— Bêêê, j'y avais ben pensé, affirme le flic en tentant de ne pas s'étouffer dans son mensonge.

Sur son bloc-notes, il inscrit précieusement, empreint d'un scepticisme qui grandit de jour en jour depuis le décès de John, les allées et venues des suspects potentiels qu'il observe, y compris celles de Mcanus, car il continue de croire que ses manques de justificatifs et d'alibis lors de son retour de voyage pouvaient être une preuve potentielle de culpabilité. Le shérif s'était fait un devoir de passer devant l'appartement du professeur-chercheur plusieurs fois par jour, pour vérifier si et quand il se déplaçait.

— Y'a trois pistes possibles, commente-t-il après de longues minutes de mutisme prises à partie par la cacophonie environnante : premièro, le tueur en série qui agit seul ; deuxièmo, un groupe organisé avec un leader à sa tête ; et troisièmo, j'ai oublié.

— Tertio, ajoute Mcanus, ces manigances pour me faire partir sont organisées par mon ex.

— Je ne crois pas, conteste Mike, c'est disproportionné. Là, vous êtes un peu paranoïaque.

— Je l'admets, toutes choses étant égales par ailleurs.

— Les circonstances sont beaucoup trop compliquées pour un seul représentant des forces de l'ordre (*et du désordre ! Crétin*), note Mike. Pourquoi ne pas demander l'aide inestimable du gouvernement ?

— J'attends toujours sa réponse. Mais ça se passe si vite !

Mcanus, qui n'arrive pas à prendre goût à la fête foraine, les quitte poliment, va s'enfermer dans son appartement et travaille assidûment à la préparation de son prochain test de laboratoire. Il pense à Sarah qui cherche des amours de son âge, ayant réalisé que les ressources financières de Mcanus étaient dirigées vers son fils et non pas vers ses rêves d'échappatoires et d'aventures. Il avale péniblement un morceau de gâteau que Sarah lui a préparé puis se soustrait de la réalité en faisant une sieste d'une demi-heure, un somme qui somme toute le libère temporairement de ses soucis, qui ne font que se multiplier au fil des jours.

Au cœur de la bourgade, Zschmuk et Bourdonelle se disputent :

— D'après ce que j'ai compris, Dre Bourdonelle, vous avez parlé d'amour avec ma fille.

— Oui, ben oui. Je devais la prévenir avec la rigueur statistique nécessaire. Du coup, voilà !

— Avec le certain respect certain que je vous dois, Dre Bourdonelle, il n'est pas nécessaire de la mettre en garde contre l'amour. Ma fille a énormément souffert de la perte de sa mère. Déménager ici a été difficile, dans ce bled hanté par des crime odieux, des poux et des gens bizarroïdes ou plutôt naïfs. L'éducation a toujours été la marque de fabrique de notre tradition familiale et les choses sont déjà assez pénibles sans la troubler, ne serait-ce qu'infinitésimalement.

— Loin de moi l'intention de la traumatiser, conteste Bourdonelle (*quel iconoclaste anthropomorphique !*), je voulais simplement l'éclairer, car elle cherche l'amour aveuglément. Voilà !

Après avoir brièvement répondu à un appel sur son portable qui venait de sonner, Zschmuk continue :

— Elle n'a pas besoin de vous. Je suis son père. C'est moi qui suis responsable de son éducation sur les sujets scabreux. Est-ce qu'on se comprend ?

— Eh bien, Dr Zschmuk, je n'ai pas l'intention d'entrer dans une guerre des mots ou plus précisément dans le cas présent, une guerre de mondes. J'essaie simplement d'être gentille avec votre fille. Voilà !

— Elle n'a pas besoin d'entendre parler de votre *Colère des Frontières*.

— Bien, mais laissez-moi vous dire ceci, sermonne Bourdonelle, plus tôt que vous ne le pensez, elle sera souillée par le baiser d'un homme et elle préférera l'abus au rejet. Du coup, l'amour, Zschmuk, pour une adolescente et une adolescente comme elle, peut être très complexe.

La gorge de Zschmuk se resserre. Dans la sphère académique, il y a deux ennemis : les collègues et les gens stupides. Pour Zschmuk, les gens stupides sont les gens comme cette collègue. Pour Bourdonelle, les gens stupides sont tous ceux qui n'adhèrent pas à ses opinions politiques.

Plus loin, des fêtards dont les souvenirs récents remontent péniblement à la conscience s'agglutinent autour de Mike dès qu'ils en ont l'occasion et lui font part de leurs opinions et traumatismes, même en ce jour édulcoré où seul devrait régner le bonheur gratuit mais où une inconscience collective charrie pourtant des craintes. Bourdonelle, suivie du Dr Arafat, s'approche de Mike après avoir épuisé une heure plus tôt la patience du shérif Bish. Elle se plaint : les réjouissances populaires lui rappellent douloureusement les catastrophes, réelles ou fictives, du passé. Ses plus récentes conquêtes gagnent de bons salaires, mais elles ne l'ont pas gratifiées d'un style de vie digne d'elle, elles pourraient gagner plus et en faire davantage. Elles lui ont offert des bijoux, des fleurs et quoi encore, mais elles ne l'ont pas emmenée en croisière dans les Caraïbes ou en Méditerranée, ne serait-ce que pour oublier un instant ses contraintes liées à son groupe d'extrême droite *La Colère des Frontières*. Qui aurait pu l'anticiper ? Elle quitte Mike en larmes. De chaudes larmes avec ça.

Zschmuk s'inquiète pour sa fille. Il ne sait pas comment lui expliquer les vertus, les conséquences, les tenants et les aboutissants de l'activité sexuelle, dont elle n'a pas encore découvert les côtés positifs pour l'instant, lui a-t-elle récemment révélé. Peut-être devrait-il lui expliquer que les hommes ont un pénis et, occasionnellement, un cortex préfrontal ? C'est ce que Mike suggère à Zschmuk devant un petit groupe de villageois, qui s'esclaffe sans retenue. Ah, ah, ah !

Ils cherchent mutuellement, pendant une courte demi-heure nourrie des tergiversations récentes avec Bourdonelle, à se convaincre que Mcanus n'est pas l'assassin, ni lui ni les autres.

L'assassin n'est pas d'ici.

L'assassin n'est pas du Labafadas.

Pendant ce temps, Mcanus, qui se réveille, se rend compte que quelqu'un joue avec la poignée de la porte d'entrée de son appartement. D'un mouvement rapide, il se tapit sous son lit, où il se sent temporairement plus en sécurité. En quelques secondes, la serrure cède et une paire de chaussures de sport tachetée de boue et sentant le poisson s'introduit en silence. Le cœur de Mcanus commence à battre contre sa poitrine comme s'il voulait s'en échapper. Des gouttes de sueur glissent sur son front. Il respire aussi calmement que possible. Il ne voit pas qui envahit sa vie privée.

Son cœur bat avec encore plus d'insistance, comme si sa poitrine était en bois. Nerveux et anxieux, Mcanus suit le mouvement des deux chaussures. Leur propriétaire examine tous les coins de l'appartement qui se trouvent au-dessus des hanches. Il va vers la salle de bain, où il ouvre les tiroirs du cabinet. De son mauvais angle, Mcanus croit voir un crochet de cage à homard dans la main droite de l'envahisseur. Il se sent pris au piège dans une partie d'échecs effrayante. Les chaussures font marche arrière. Elles se dirigent vers la porte principale puis changent soudainement de direction et s'approchent du lit. Mcanus se met à trembler. Il n'est certainement pas prêt à se faire tabasser. Les chaussures s'arrêtent pour ce qui semble être une éternité, se retournent et sortent.

Dès que l'intrus quitte la pièce, Mcanus, paniqué, effrayé, ouvre précautionneusement la porte d'entrée, vérifie le couloir et se prépare à ce qu'il espère être une sortie rapide et inaperçue. Il croit avoir reconnu le shérif Bish, qui devrait pourtant être quelque part à la foire. Comme à son habitude, il jette un regard rapide à son portable pour voir s'il a reçu un message, avant de se précipiter dehors. Il y en a effectivement un :

Le 11 août 2022
Objet : Suspension avec solde

Dr Mcanus,

Nous avons reçu des conseils à l'effet desquels il s'avère impérieusement nécessaire que vous soyez examiné par un psychiatre médico-légal. En effet, votre comportement et votre incapacité à vous entendre avec vos collègues ont jeté, sans l'ombre d'un doute, un doute sérieux sur vos capacités au sein de l'ensemble de notre laboratoire et ont perturbé les fonctions vitales de la haute direction. Devant l'extrême gravité des faits, nous avons en conséquence retenu les services de trois psychiatres, soit les éminents Paul Maudit, Andre Gachette et Polo Lespoir, du cabinet louisianais MGL-TDC & Ass., qui se spécialisent dans les diagnostics et pronostics bidons.

En conséquence, nous suspendons vos activités. Vous êtes aussi prié de vous présenter au rendez-vous suivant...

Le mot est signé par un représentant de l'Université Soho. Sans prendre le temps de réfléchir, furieux, Mcanus décide que le « cas Bish » attendra. Il téléphone à l'auteur de la mesure disciplinaire et l'avertit qu'il est en route pour le rencontrer, hurlant autant pour exprimer son indignation que pour surpasser les bruits de la fête du village qui parviennent jusqu'à lui. Le fonctionnaire lui explique :

— Eh bien, ma demande est formelle et vient des autorités que je représente, Dr Mcanus, vous avez été très obstiné et vous ne vous êtes pas présenté au rendez-vous ce matin.

— Quel rendez-vous ? vocifère Mcanus qui sent la trahison.

— Le rendez-vous avec le recteur, vous savez que notre laboratoire appartient à une université !

— Cessez de jouer à la… Quel rendez-vous ?

— Votre rendez-vous !

— Je n'ai jamais entendu parler d'un rendez-v…

— Je vous envoie immédiatement une copie de l'invitation, mitraille l'homme, ne donnant pas à Mcanus l'occasion de compléter sa phrase.

En une fraction de seconde, un courriel voyage dans l'espace-temps courbé par la fourberie et atterrit dans la boîte courriel de Mcanus.

Dr Mcanus,

À la suite des récents événements qui ont affecté le laboratoire, vous êtes invité à une rencontre avec…

Veuillez confirmer votre présence.

Il se passe quelque chose, c'est sûr, mais quoi ? Un million de scénarios tournent dans la tête du chercheur intempestif et haï de tous, y compris de la haute direction.

À ce moment-là, des rumeurs commencent à circuler dans le village euphorique et se faufilent entre les rangées de badauds qui attendent leurs tours, ici, pour lancer une pochette de sable dans un trou éloigné afin de gagner un ourson en peluche, là pour déguster une limonade. Et si les assassinats étaient l'œuvre de Satan lui-même ? Et si le laboratoire de biologie marine était la cause de l'intenable situation ? Ces rats de laboratoire sont des snobs qui parlent une langue incompréhensible.

— C'est des connards, note hardiment un premier villageois, Joe.

— Des snobs, affirme son compatriote, Peter.

— Des connards de snobs alors, j'dirions. Oui monsieur.

— Jamais entendu parler de ça avant, souligne un troisième comparse.

— C'est normal, t'es point un *academicain*, note Peter.

Les chercheurs universitaires ne pourront jamais agir et travailler comme des gens normaux. D'en avoir perdu trois (Fukuyu, Henry, Laverge) est peut-être une bonne chose. Avant leur arrivée, le village vivait placidement depuis plus d'un siècle. Les troubles ont commencé depuis leur venue ou presque. Ce n'est pas une coïncidence. Voilà ce qu'avaient pu confier plusieurs villageois au psychologue en herbe Mike, lors d'une soirée de discussion récente au café *Life is a Splash.* Et puis, G. G. Gargel n'a jamais embêté personne, disent certains qui croient avoir entendu des rumeurs à son sujet. Quand il vient visiter, il laisse des pourboires désintéressés. Il se fait discret. *Il récite parfois des poèmes mais y'a pas de mal à ça ! Il ne se prend pas pour quelqu'un d'autre, lui.* Il a même fait don d'une somme très conséquente afin de rénover le quai, qui commençait à souffrir de l'assaut continu des vagues. *Il soutient la communauté, lui. Oui monsieur. Il a même des amis avec de très beaux chapeaux noirs, lui, avec une bordure en poils de vermine et de très belles couettes, qui laissent aussi de pourboires généreux (les amis, pas les couettes).*

Mcanus décide de se rendre à New York. Il a de la veine : puisque son appartement est à la limite du village et n'est pas sujet à la fermeture de ses artères principales, comme c'est le cas pour la route menant au chalet de G. G. Gargel, la voie est libre. Il saute dans sa voiture et deux heures plus tard, à 16 h, il traverse le pont George Washington.

L'homme à qui il a parlé un peu plus tôt est un « robocrate », comme le dirait Mike en jumelant les mots robot et bureaucrate. Son air pâle et impavide suggère peut-être un sens d'autosatisfaction, mais Mcanus ne saurait en être sûr. Une photo derrière lui laisse deviner qu'il est un ancien pilote d'avion et une autre qu'il a une femme et deux jeunes enfants.

— Merci d'avoir accepté de me recevoir, monsieur…

— Roger W. Hope, fonctionnaire. Appelez-moi Roger.

— Merci d'avoir accepté de me rencontrer, Roger.

— Bien reçu, j'ai ici un dossier, Dr Mcanus, qui montre que vous avez un historique problématique avec vos collèges dans notre laboratoire à Old Sunnybrook.

Une pile de documents recouvre son bureau en acajou, qui sert aussi de support à quelques babioles, que le robocrate a accumulées à la suite de divers voyages pittoresques, tous ou presque payés par les contribuables américains (car son organisation est un partenariat entre l'Université Soho et le gouvernement) ou bien offerts par des représentants étrangers afin d'obtenir des faveurs inavouables.

— C'est archifaux.

— Roger, bien reçu, je comprends, concède le budgétivore dans une tentative vague et artificielle de paraître poli, mais artichaud ou non, le milieu de travail doit être respecté. J'ai ici, entre les mains, des rapports peu flatteurs…

— Ce sont des tissus de mensonges, Roger, essaie d'expliquer Mcanus.

— Roger, bien reçu, je comprends mais je vois aussi qu'il y a des problèmes sérieux…

— Il n'y a pas de problèmes, c'est exactement ça, *le* problème, Monsieur Roger. Le problème, c'est qu'il n'y a PAS de problème, c'est clair, non ?

— Bien reçu, Roger, je comprends, mais il y a un problème. Vous n'aimeriez pas, par hasard... les jeunes femmes ?

— Que voulez-vous dire ?

— Nul n'est au-dessus des lois, docteur Mcanus. Nous vous invitons à quitter notre institution.

Mcanus a envie de clamer son innocence : souvent, les innocents font plus de bruit que les coupables. Ils crient, hurlent, pleurent, reniflent et pleurent encore. Et si le Roger savait quelque chose à propos de Sarah ? Est-ce cela le fond du problème ? Ah ! Ça commence à s'éclairer. On ne cherche pas à le faire partir parce qu'il sait des choses qu'il ne sait pas qu'il sait, mais parce que les autres savent des choses sur lui qu'il ne sait pas qu'ils savent. La vie est parfois fort compliquée, pense-t-il.

Le robocrate, qui porte un costume sur mesure coûteux et qui l'engonce, se cale dans sa chaise en cuir noir. Il tapote son ventre protubérant avec un air béat. Son visage est aussi pâle et rugueux qu'une écorce de bouleau.

— Roger, je comprends, balbutie Mcanus, qui bat en retraite sans se risquer à en dire plus.

Sur le chemin du retour, à 100 km environ de la Big Apple, une Ford F-150 grise le pousse à plusieurs reprises sur l'accotement de la route. « C'est quoi ce bordel ? » bêle Mcanus, les mains rivées sur le volant.

L'agresseur du côté passager s'époumone par la fenêtre baissée tout en inspirant dans son inhalateur contre l'asthme. Il est armé d'une batte de baseball. Les deux hommes cagoulés forcent Mcanus à s'arrêter, tandis que les pneus crissent. Ils sortent du pick-up et s'en prennent à lui, l'un cadenassant ses bras et l'autre le frappant en se retenant de dégainer son Colt 45 1911 et d'abattre ce fils de pute,

Mcanus se cramponne aux hautes herbes qui l'entourent. Les truands lui glissent un billet doux entre les dents :

« Ah ! Ces choses, j'dirions, que l'on espère
Alors qu'il convient de ne garder en nous
Que les douleurs de la vie et des prières
Lesquelles sont, face au destin, à genoux. »

Ils le laissent là, au bord de la route, inerte.

***

— Chérie, explique au téléphone G. G. Gargel à sa fille, qui doit se rendre à sa demeure vacancière avec sa propre fille, née quelques semaines auparavant, il faut faire le tour. On a bloqué le village. Il faut contourner Old Sunnybrook par le nord, je croyais te l'avoir expliqué. T'inquiète, tu as peut-être quarante minutes de route. Tu as vu l'heure ? Tu veux que j'envoie quelqu'un vous chercher ?

G. G. Gargel, comme sa femme et leurs six autres enfants (tous adultes) déjà arrivés au chalet, brûle d'envie de voir l'heureuse maman et la nouvelle recrue familiale, Rachel, née en bonne santé à Salt Lake City et pesant 3,1 kg. Les nombreux invités aussi ont hâte que tous se retrouvent et que les festivités commencent officiellement. Certains sont arrivés par bateaux de plaisance, d'autres par wagonnets de Montréal et certains sont venus d'aussi loin que Los Angeles, Salt Lake City et Tel-Aviv… par jets privés.

Chaque année, G. G. Gargel profite de la foire touristique d'Old Sunnybrook pour organiser ses propres célébrations, pourquoi pas ? Il a même mis à disposition de ses invités des carrosses tirés par des chevaux loués au centre équestre local pour qu'ils puissent profiter du grand air, se libérer des soucis quotidiens et même se rendre au village où il y a des meurtres étranges, paraît-il, si la curiosité les tiraille. Tous ne sont pas juifs hassidiques ou mormons, mais il est vrai que lorsque les villageois voient, chaque année, certains invités arriver en carrosse dans le hameau en effervescence, ils ont l'impression d'assister à une invasion modeste de membres de la communauté amish de Lancaster, en Pennsylvanie, à 400 km de là. Les enfants ne peuvent s'empêcher de zieuter ces gens aux mœurs excentriques catapultés d'une autre planète, peut-être même d'un autre univers mais, à bien y penser, leurs mamans et papas sont eux-mêmes revêtus de costumes traditionnels pour l'occasion. Ils semblent également plutôt incongrus. Au bout du compte, tous se côtoient, même si des rumeurs de penchants antisémites courent sans retenue en ce qui concerne quelques chercheurs-professeurs du laboratoire de recherche marine. Au moins, ces Juifs ne sont pas des immigrants illégaux. Et ils laissent d'excellents pourboires, oui monsieur.

Il y a, parmi les invités de G. G. Gargel, deux membres de la Chambre des représentants venus de Washington, un sénateur démocrate et un sénateur républicain qui parviennent à se parler avec courtoisie, tous deux avec leurs familles immédiates respectives. Il y a des lobbyistes, des personnalités du domaine des arts, du cinéma hollywoodien, un sportif de renom, des gens d'affaires de New York et un professeur d'histoire de l'Université de Tel-Aviv. Les plus aventureux sont en train d'installer des tentes pour passer une nuit romantique en plein air, une tradition bien ancrée lors de cet événement annuel. Les hors-d'œuvre (plusieurs sans porc) sont distribués par une armée anodine de serveurs d'un service de traiteur local et triés sur le volet, dont un que la femme de G. G. Gargel a, furtivement, baisé un peu plus tôt. Un beau jeune homme, celui-là, il fallait bien lui faire la fête ! Les produits laitiers sont séparés des dafinas. Des ménorahs occupent une pièce de l'immense demeure et des croix trônent au-dessus du foyer principal, de la cuisine et dans la morne église mormone adjacente. Certains dansent le bulgar ou la hora, d'autres la polka, la valse ou le rock'n'roll, au gré de la musique qui jaillit de vastes haut-parleurs soigneusement enlignés le long de l'immense propriété, versions modernes des statues de l'île de Pâques.

Rien ne peut troubler ces moments de bonheur, cet étau communautaire, insouciant et inoffensif où le fait d'être humain et membre influent de Washington prend tout son sens. Cette garantie de quiétude est renforcée par le fait que les invités doivent laisser leurs armes à l'entrée, sous clé, sous l'œil zélé d'un agent de sécurité payé pour cette seule fonction.

***

Les murs de la chambre de l'hôpital de New York présentent un mélange de blanc d'œuf et de gris souris, quelque chose destiné à chloroformer visuellement un patient à distance. Il y a deux chaises à côté de Mcanus, dont le visage est tuméfié, dont le bras droit est dans le plâtre et dont une jambe est surélevée par un ingénieux mécanisme de câbles et de poulies. Une fenêtre laisse entrer la lumière extérieure. Une série de minces barres de fer rappelant une prison la quadrille, conçues pour empêcher des patients désespérés de se suicider en sautant par-dessus bord. Pour l'instant, la condition de Mcanus ne lui permet pas de concrétiser cette possibilité. L'odeur des produits chimiques et de nettoyage et le bruit qui viennent du couloir adjacent suggèrent que les infirmières et autres membres du personnel s'investissent dans des activités plus terre-à-terre que son cas.

Zschmuk, assis sur l'une des deux chaises, donne à son ami ankylosé sa description de ce qui s'est passé. Le shérif Bish se joint à eux quelques heures plus tard :

— Dr Mcanus, je suis désolé pour ce qui vous est arrivé, j'dirions. Vous pouvez me dire quoique chose sur l'accident ?

— Je ne saurais… Je me suis retrouvé dans un fossé, je crois, d'après ce que le professeur émérite Zschmuk vient de me décrire en termes alambiqués dont on ne saurait extraire le sens qu'avec un doctorat en zoroastrisme.

— Ouain, bon, ouain, c'est triste en effet, mais alors, vous avez atterri dans le ravin ?

— Je ne me souviens plus. C'est ce qu'on me dit.

— Et du coup, votre voiture n'a point une égratignure ?

— Écoutez, shérif, je ne sais pas mais ça ne me surprendrait pas.

— Comment ça ?

— C'est une Volkswagen avec moteur diésel, shérif, c'est une très bonne voiture.

— Excellente contre les émissions polluantes aussi, c'est scientifiquement prouvé, rajoute Zschmuk, en levant l'index vers le ciel.

— Bon, quand vous aurez récupéré et que vous vous rappellerez que votre mémoire vous est revenue, rencontrons-nous. S'il se passe quoique chose entretemps, téléphonez-moi.

— Je le ferai, vous pouvez compter sur moi.

Le shérif tourne les talons, un peu frustré de ne pas avoir recueilli de meilleurs renseignements mais conscient de la fatigue extrême de Mcanus. Il met ses lunettes de soleil, malgré un ciel pommelé pressé d'aller se coucher, puis démarre le moteur de sa voiture de police. Il sort discrètement du stationnement de l'hôpital. Il rejoint l'autoroute principale qui quitte New York, dans la direction opposée à celle qu'il a prise plus tôt. Il saisit son portable :

— Ouain, on s'inquiète point. Y'en a pour au moins une semaine… Vous avez ben fait de point lui tirer dessus, ça aurait éveillé des soupçons pis les journaux ou le FBI s'en seraient p't-être mêlés. On y'a réglé son cas pis ent' nous-mêmes.

Au village, le lendemain 12 août 2022, durant la deuxième et dernière journée de fête old-sunnybrookoise, les nouvelles courent déjà. L'attaque contre Mcanus vient mettre à mal l'idée entretenue par certains locaux qui avaient besoin de quelqu'un à blâmer. La rumeur veut que Mcanus ait échappé à la mort *in extremis*, car ses agresseurs ont dû abandonner leur victime à la hâte, un adolescent longeant les bois avec son 4x4 passant par-là, par hasard. Il avait entrevu la scène. Comme quoi, les ados servent parfois à quelque chose. Les chercheurs universitaires qui avaient pris Mcanus en grippe et qui étaient prêts à lui faire porter le fardeau des assassinats ne peuvent plus lui en tenir rigueur.

C'est dommage.

Les villageois qui discutent âprement de ce nouveau développement se chamaillent en faisant la queue le long des divers kiosques qui leur promettent des saucisses, des jus de fruits, des tabliers faits maison, des sculptures en bois, des nappes, des bateaux miniatures, des cadeaux et des choses qui sont normalement inutiles mais qui, en ces temps troublés, permettent à certains de se changer les idées. La file d'attente la plus longue est celle d'un kiosque spécialement aménagé où les participants ont la possibilité de tirer avec une carabine à plomb sur des figurines représentant chacun des fadas du laboratoire. Là, on s'en donne à cœur joie. C'est cinq dollars pour dix essais et il y a un spécial à dix dollars pour 19 essais. Bref, on se paie littéralement la tête des professeurs qui se prennent pour le nombril du monde. Que ça fait du bien ! Laverge, Bourdonelle, tout le monde y passe. Et si on remplaçait les figurines par les vrais personnages, avec leur tête dans un ceinture de bois les retenant bien en place ? Pensée jouissive, mais, pour l'instant, illégale. À certains endroits, sous l'effet de l'alcool, des visages sont rouges de colère ou d'incompréhension. Des hommes se tiennent debout sur la pointe des pieds pour essayer de s'agrandir ou de dominer leurs adversaires. Même les femmes s'invitent au combat ; certaines enlèvent leurs épingles à cheveux au cas où elles auraient besoin d'une arme pour percer l'œil d'un ou d'une adversaire. Un talon aiguille peut aussi servir.

Personne ne sait que dans l'arrière-cuisine du café *Life is a Splash*, le corps de Joy est enfermé dans le congélateur, avec un bout de papier coincé entre les dents et sur lequel est écrit un extrait d'un poème :

« Vient l'heure de trépasser
L'heure muette, lente et vagabonde
Qui, j'dirions, éteint nos pensées
Et qui nous extrait de ce bas monde. »

***

Dans le tunnel-caveau, la situation est catastrophique. Voilà près de quatre semaines qu'elle dure. Joy est décédée abruptement. Ne sont vivants qu'une Bourdonelle flétrie, un Zschmuk épuisé et un Mike agonisant. Ils ont survécu en rationnant au maximum, en mangeant un morceau de tablette de chocolat par jour. Il n'y a presque plus d'air, de nourriture, d'eau et, bien que le mur ait cédé deux mètres à l'attaque effrénée des pics et des marteaux, il y a probablement trois mètres à creuser. Personne ne s'en sortira. Mike, qui a englouti ses réserves secrètes de bière tiède et fade, n'est plus qu'une épave. À l'effondrement du tunnel, qui paraît si lointain, suit la fin proche des terroristes et de leur plan machiavélique. Avec le peu d'énergie qui lui reste, Bourdonelle, quasiment à bout de souffle, s'approche à quatre pattes de Mike, recroquevillé sur le sol, le visage accroché au plafond du tunnel par un regard qui donne plutôt l'impression qu'il plonge dans sa conscience et son passé. Bourdonelle, qui est maintenant assise près de sa tête et la surplombe avec un air de défi, exprime ce qu'elle a sur le cœur depuis des années.

— Alors, Mike, il est où ton moulin à paroles, pénard des pétards ? Tu te souviens, Mike, d'une vendeuse de cravates ? Non, tu ne peux t'en souvenir.

Elle l'imite : « Tu parles ! ».

— Du coup, tu as perdu tes facultés à force de boire comme un trou, Mike. La femme, en cour de justice, celle qui t'accusait de l'avoir violé. Bien sûr que tu t'en souviens. Tu te souviens des gestes mais pas des visages, non plus que des voix, car après plus de vingt ans, tu ne peux faire les rapprochements nécessaires ? Tu te souviens de tes mains brutales, changeant son destin à jamais ? Tu t'étais jeté sur elle, l'avais sadiquement déshabillée. Tu te souviens de lui avoir embrassé les lèvres, de les avoir mordues, de lui avoir caressé le ventre et d'avoir plongé ton sexe dépravé en elle ? Si tu avais mieux cadrer ta proie à la cour, tu l'aurais reconnue au fil des années. Mais la cour a joué ton jeu : tu as plaidé une rencontre consentante et, découragée, délaissée par la justice, ta jeune victime a retiré sa plainte. Tu t'en es sorti, Mike. Voilà, mais ce n'était que partie remise.

— Que me voulez-vous, Bourdonelle, demande Mike d'une voix asthénique, les paupières chancelantes, le ton compassé.

Les forces lui manquent. Sa ferveur et son insolence caractéristiques se sont cruellement étiolées. Il fait chaud : un vrai sauna. L'air, poisseux, est rempli de poussière et sent les défécations humaines et les corps à l'abandon. Seul un mince filet de lumière transperce le tunnel. La langue de Mike est pâteuse et il ne peut s'habituer à la quasi-obscurité. Il ne voit que la silhouette de Bourdonelle au-dessus de lui. Elle tient quelque chose, comme un morceau de tissu. Il ne comprend pas ce qui se passe.

— Je ne suis pas venue au laboratoire de ce misérable recoin du monde par hasard, monsieur le pénard des pétards. Je suis ici pour que tu expies ton crime et pour sceller ton destin. Voilà.

Avant que le fantôme inconnu qui a fauché tous ses complices, sauf Zschmuk, ne passe à l'acte, elle place la serviette sur la bouche et le nez de Mike et l'y maintient jusqu'à ce que ses convulsions cessent. Puis, elle reste de marbre, trop faible pour faire quoi que ce soit. Elle lui met un bout de papier entre les dents.

Salaud.

Zschmuk, briscard qu'il est, a observé la scène. Il va chercher son large sac à dos, y extrait une bouteille d'eau, des barres de protéines et de fruits compressés, un masque. Requinqué, il se dirige vers le point d'entrée du tunnel. Il saisit le fil électrique qui est le seul lien entre lui et le monde extérieur. Il le tire de manière à envoyer un message en utilisant le morse, comme il l'a fait subrepticement depuis qu'il est confiné avec les autres. Il se retourne. Bourdonelle a rendu l'âme. À l'autre bout du fil électrique, ses complices, qui ont fait obstacle à tous ceux qui ont voulu prendre des nouvelles du groupe terroriste, se dépêche de déblayer l'embouchure. Ils sont cinq, tous très efficaces : un vrai commando. Au bout de quelques heures, ils réussiront à libérer un Zschmuk indemne et content d'avoir accompli sa mission. Ils emportent avec eux les bombes artisanales et les AK-15 qui ne serviront jamais à faire exploser G. G. Gargel.

Pendant ce temps, Sarah se dirige en voiture avec un groupe d'hommes armés dans une fourgonnette aux fenêtres teintées vers l'hôpital de New York.

La duperie
Le 12 août 2022

Vers 20 h 30 ce soir du 12 août 2022, Sarah entre furtivement dans la chambre d'hôpital où dort le Dr Stewart Mcanus, son ancien amant circonstanciel. Elle taira le trépas, le jour même, de Mike et de Bourdonelle, dont les corps ont été retrouvés par des pêcheurs, coup sur coup, dans deux recoins différents de kiosques de la fête foraine old-sunnybrookoise, sans avoir cependant encore retrouvé la Joy sans vie dans le congélateur de *Life is a Splash*. Chaque corps serre entre ses dents un bout de papier sur lequel un poème cryptique est écrit. Et chaque décès est inexplicable. Pourquoi s'attarder sur ces détails alors qu'elle doit révéler des choses beaucoup plus pressantes à Mcanus ? Heureusement, celui-ci bénéficie d'une chambre privée et, à cette heure d'une nuit barbouillée au fusain, les infirmières vaquent à quelques occupations, le personnel de nettoyage ne revient pas avant six heures du matin, les rares médecins sont monopolisés dans la salle d'urgence.

La voie est libre.

— Stewart, réveille-toi.

Elle lui touche l'épaule doucement, puis lui tend un verre d'eau pour qu'il reprenne ses esprits à mesure qu'il sort de ses rêves comateux et réalise où et en compagnie de qui il est.

— Sarah ! Que fais-tu ici ?

— Il faut que je te parle, Stewart.

— Oh ! Quelle horreur ! je rêvais… un tunnel… un tunnel crasseux… pour aller faire exploser une bombe… il y avait Mike, Kakahuet, Bourdonelle, Laverge… et d'autres, mais pas toi ni moi, ça puait, ça durait une éternité.

Il faisait sombre. Un cauchemar. Une copie conforme de la réalité. Un enfer !

— Reprends tes sens, Stewart, il faut que je te parle.

— Oui, j'ai bien compris ! Comment diable as-tu pu entrer sans qu'on te remarque ?

— Il faut que je te parle.

Mcanus réalise que Sarah a des aveux à faire. Elle chuchote mais son insistance, le ton de sa voix, l'absence d'accent local, le fait qu'elle approche sa chaise plus près de lui et lui tienne la main lui font comprendre qu'il doit être tout ouïe.

— Je t'écoute, Sarah.

— Je t'ai menti, Stewart.

Un court silence s'impose, comme si Sarah invitait Mcanus à continuer la conversation, ce qu'il fait.

— Mais encore ?

— Les choses ne sont point… je veux dire « pas » ce qu'elles semblent être et les gens ne sont pas ce qu'ils sont.

Entre chaque virgule et chaque point, Sarah fait une pause d'une ou deux secondes, reprend son souffle et continue.

— Je n'ai pas seize ans. J'en ai vingt-deux.

— Je sais, Sarah. Je le savais dès le départ. Jamais je n'aurais été dans une relation romantique ou même exclusivement sexuelle avec une mineure, jamais.

— Comment savais-tu que je n'étais pas mineure ?

— Plusieurs indices ont confirmé mes soupçons quand nous nous sommes rapprochés l'un de l'autre. Tu n'as pas le corps d'une adolescente mais celui d'une jeune femme, quoiqu'on pourrait s'y méprendre mais en Don Juan que j'ai longtemps été, je ne peux me laisser berner… et puis, tu m'as démontré ta maturité lors de nos tergiversations, avant même que nous commencions notre relation et aussi, après. Tu te souviens lorsque tu as conseillé « va voir un médecin, tu réagis beaucoup trop » et tu as rajouté ce qui t'a trahi : « C'est mon père qui le dit. » Ceci n'est pas une réaction d'une gamine de seize ans. Quand du jour au lendemain, tu as teint tes cheveux en trois couleurs, sans m'en parler. Une adolescente amoureuse d'un homme plus âgé en aurait discuté à l'avance. Dès que j'ai aperçu cette teinture aux couleurs marines et saumon, j'ai su qu'il y avait anguille sous roche.

— Zschmuk n'est pas mon père et il n'est pas Juif ultra-orthodoxe. Et son nom n'est point… pas son vrai nom. Il s'est efforcé de faire chier ses pseudo-collègues avec ses sermons et ses propos enflammés à la con !

— Là, ma chère Sarah, c'était trop évident. Je l'ai vu manger du porc, entendu blasphémer quand, une fois, il s'est légèrement coupé le doigt… Et puis, il n'a pu résister aux charmes de Joy.

— Ah ? Tu le savais ? demande Sarah, fort surprise.

— Bien sûr ! Tout se sait ici, là ceci, là cela, ceci s'associe à cela, c'est comme ça, Sarah.

— Zschmuk et moi faisons partie du Mossad. Nous sommes des agents, nous ne sommes pas qui nous avons dit que nous étions.

— Le Mossad ?

— Oui. Tu vois, très tôt, nous avons su qu'il s'organisait un complot terroriste néo-nazi. G. G. Gargel est très bien renseigné. Et ce n'est pas son nom et il n'est pas mormon. Son nom est Gerry Goldblath.

— Et les meurtres ?

— J'y reviendrai, Stewart.

— Mais le petit Matthew ?

— Ça, ce n'était pas nous. Nous soupçonnons le gouvernement, mais on ne peut rien dire.

— Le FBI ?

— Rappelle-toi que le gouvernement n'a rien voulu faire. Il ne paiera pas pour une statue de John et Matthew au centre du hameau, comme les villageois l'ont souhaité, et bâclera l'enquête. Il a, depuis le début, voulu étouffer cette affaire. Mais je veux juste te dire que nous avons tout fait pour te protéger. Nous savions que tu n'étais pas un terroriste et nous avons tenté de te forcer à quitter les lieux.

— Les manigances de Kakahuet, c'était vous ? Que c'est maussade !

— Non, justement. Les tentatives pour te mettre à l'écart émanaient de Bourdonelle. C'est elle qui t'a laissé le poème à ton retour de voyage : « Vous préférez parfois à l'opium des longues nuits... » Elle a ensorcelé tous ceux qu'elle a pu, Kakahuet incluse, pour te faire virer, par pure vengeance personnelle, autant parce que tu as mis fin à ton aventure avec elle que pour ton refus de participer à son groupe terroriste *La Colère des Frontières*. Tu as toujours été une menace pour elle. Et elle rêvait de se venger. Elle a monté les villageois contre toi.

— Monté comment ? demande, perplexe, Mcanus, accablé par la douleur physique et psychologique qui croissent à mesure que Sarah fait ses révélations troublantes.

— Les deux hommes qui t'ont tabassé... ce sont des locaux, Joe et Peter. Le shérif Bish était dans le coup. Bourdonelle les a convaincus que tu étais le meurtrier et qu'il leur fallait rétablir la justice eux-mêmes. Bourdonelle, une terroriste dans l'âme. Le Mossad l'avait identifiée depuis longtemps et nous avons inventé le personnage du Dr Zschmuk pour l'épier, la coincer, la stopper, la punir.

— Grand Dieu ! Si je comprends, jamais je n'aurais dû penser que je savais quelque chose que je ne savais pas.

— Effectivement ! Maintenant tu le sais. Notre seul but, c'était de protéger Gerry Goldblath, rien d'autre. Le reste, on s'en balance.

— Grand Dieu !

— Même la pseudo-disparition de ton fils a été organisée par nous. Nous voulions que tu quittes Old Sunnybrook de ton plein gré mais malgré nos efforts et ceux de Bourdonelle, tu es resté obstiné, têtu comme une mule. On voit bien que tu as du sang irlandais. En te tabassant, les coupables ne se sont pas rendu service : plusieurs villageois ont conclu que tu ne pouvais pas être l'assassin, certains réalisant que le *modus operandi* était différent dans ton cas et que puisque tu étais une victime, tu ne pouvais pas être le bourreau en même temps. Bourdonelle a échoué là aussi.

— Mais comment avez-vous assassiné les…

Sarah l'interrompt et lève la main. Elle regarde autour d'elle pour s'assurer que personne ne vienne ou même ne puisse entendre.

— Stewart, un poison de notre propre cru.

— Ça alors !

— Le Mossad a ses méthodes, tu sais et elles sont terriblement efficaces, crois-moi. Ils nous cherchaient des poux, ils ont payé le prix fort.

— Bien dit, Sarah.

— Tous ceux qui voulaient se faire exploser et s'en prendre à G. G. Gargel/Goldblath sont hors d'état de nuire… pour toujours.

— Sarah, tu m'as bien eu. Qui est épris qui croyait prendre.

— Ce n'était pas mon intention ou plutôt, notre intention. Je ne voulais pas non plus te rendre malade mais, par la force des choses…

— Me rendre malade ? demande, désorienté, Mcanus, en tentant de relever la tête.

— Tu n'as jamais eu de crises de panique, Stewart. C'est moi qui mettais des médicaments dans tes boissons et ta nourriture. Je voulais juste te forcer à un repos et comme Zschmuk te l'a proposé plusieurs fois, je voulais que tu t'éloignes, que tu partes, que tu quittes le village.

— Bordel ! Quelle mauvaise cuisinière tu es ! Tu n'es pourtant pas Anglaise !

— Nous avons piégé la bourgade tout entière. J'ai menti à tout un chacun. J'ai exploité les faiblesses des autres à mon avantage ou plutôt, pour la survie de Gerry G. Gargel/Goldblath. Notre philosophie est claire : pas de quartier pour les terroristes. J'ai exploité les valeurs superficielles de Bourdonelle et ses blessures psychologiques intérieures en la laissant tenter de t'écarter de son chemin ; c'est exactement ce que je… nous voulions, quoique les choses aient débordé. J'ai utilisé l'irascibilité et la jalousie de tes collègues chercheurs universitaires et la méfiance des villageois envers eux. Les gens ont servi ma cause sans qu'ils s'en rendent compte. Au bout du compte, les circonstances, les querelles intestines, les malentendus et l'incompétence nous ont tous aidés à devenir des meurtriers impitoyables, les meilleurs qui soient. Incompétence, ça oui : Bish n'a jamais pensé à faire faire d'analyses graphologiques sur les poèmes trouvés dans la bouche des morts. Il n'a jamais pensé à vérifier où les téléphones des parties prenantes bornaient.

— Quel incompétent !

— Oui… il fallait assassiner, un à un, les terroristes et les intimider et avec eux, tous ceux qui voudraient s'en prendre à nous. Combien de temps pouvais-je dissimuler mon véritable caractère ? Pas très longtemps. Et l'imminence de l'attaque contre G. G. Gargel/Goldblath nous a forcés à agir vite. Quelques meurtres ici et là sont le prix à payer pour redresser les choses. Des meurtres de ce genre n'ont jamais tué personne.

— Tu me fais peur, Sarah.

— Non, Stewart, ceux dont tu devrais avoir peur, ce sont ceux qui complotent pour faire d'innocentes victimes : les imbéciles d'extrême droite. J'aurais presque souhaité que tu découvres la vérité toi-même, d'où l'idée des poèmes. Tu savais que G. G. Gargel a fait une partie de ses études en France et qu'il s'est spécialisé en littérature française, non ? Nous nous sommes attelés à créer une identité de tueur en série avec des poèmes modifiés, écrits par G. G. Gargel/Goldblath certes, mais basés notamment mais pas exclusivement sur de célèbres auteurs français : Baudelaire, de Lamartine, Gauthier, Hugo, Sand et autres. Voilà la clé du mystère. On n'y a vu que du feu. On s'est vraiment foutu de la gueule du peuple ! 'Et lorsque vous verrez une belle femme, lorsque vous serez tenté par ses charmes, ne vous laissez point tromper par ses mamelles!!!'

Elle rit tellement qu'elle en a des larmes aux yeux. Stewart rit avec elle.

— Ah ! Putain ! C'en est ridicule, ces conneries qu'on a faites. On les a menés en bateau, pas à dire. Et Zschmuk qui s'amusait à faire le savant avec ses discours à l'emporte-pièce. Je pensais même qu'on finirait par lui faire avaler sa langue ou lui couper l'index. Moi-même, il me tombait sur la rate. Ah ! Putain qu'on s'est amusés. En veux-tu des cons, en voilà ! Ça fait rire la mort !... Mais désormais, Stewart, il faut te sauver.

— Comment, me sauver ?

— Tu comprendras que tôt ou tard, une enquête sera menée, la CIA et le FBI et les autres forces de police vont venir investiguer. Et là, tu seras dans le pétrin : tu en savais déjà trop avant et tu en sais certainement trop maintenant, Stewart.

— Que diable veux-tu que je fasse ?

— Tu es un ami d'Israël en quelque sorte, Stewart.

— Peut-être, dans un sens.

— Mes collègues sont là, à cinq minutes de ta chambre, prêts à t'emmener.

— M'emmener ? demande Mcanus, inquiet mais en même temps intrigué.

— Pour commencer, nous t'emmenons dans un lieu secret. Ensuite, tu auras un poste de professeur à l'Université de Tel-Aviv, sous une nouvelle identité et tu pourras voir ton fils autant que tu le voudras.

— Comment ça ?

— Il s'y trouve déjà, avec sa mère.

— Ils habitent à Tel-Aviv ?

— C'est son choix à elle. Il est temps de refaire ta vie, Stewart. Alors, qu'en dis-tu ?

— Mais comment allons-nous nous y prendre ?

— Stewart, si les Israéliens ont pu exfiltrer le nazi Adolf Eichmann d'Argentine vers Israël en 1960, on est bien capable de s'occuper de ton cas. Tu mourras deux fois.

— Mourir deux fois ?

— Oui, Stewart. Ta vie se termine ici et personne ne pourra jamais s'en prendre à ta réputation. Et tu mourras naturellement dans tes vieux jours. On meurt toujours deux fois.

— Peut-être que tu as raison, Sarah.

— Tu auras même la compagnie d'Arafat.

— Arafat, en Israël ?

— Le chien. Le Dr Arafat.

— Alors… Bourdonelle n'est plus, conclut Mcanus en laissant sa tête retomber sur l'oreiller.

— Il n'y aura qu'une condition, Stewart.

Sarah fait une pause, ses lèvres trahissent une joie maligne d'avoir vidé son cœur auprès de celui qu'elle a appris à apprécier. Elle est fière d'avoir participé à une opération contre une extrême droite unique et redoutable, sans savoir, cependant, qu'elle rend service, elle et son gang, aux lords de la drogue mexicaine qui financent G. G. Goldblath, alias Gargel, qui joue un double jeu. Elle espère une réaction de Mcanus.

— Quoi donc, Sarah ?

— Que tu ne courtises plus que les femmes de ton âge.

Épilogue

Le Labafadas a fermé ses portes. Les résultats des tests d'ADN qu'avait demandés le shérif Bish à la suite des assassinats sont finalement sortis : plusieurs victimes descendent directement des hommes de Neandertal et de la même chèvre. C'est prouvé. Bêêê oui. On n'a jamais retrouvé la trace du Dr Stewart Mcanus. Mike n'eut pas l'opportunité d'apprendre que sa femme Joy le trompait avec l'illustre Zschmuk ni ne sut qu'elle aimait lui tirer les couettes durant leurs ébats endiablés dans la cuisine de *Life is a Splash*. Le Mossad récupéra tous les AK-15 et autres armes que Mike vendait illégalement à prix fort. Personne ne fut mis au courant que Bourdonelle entretenait une relation intime mais occasionnelle avec Kakahuet, qu'elle trouvait croquante à souhait. Elles partageaient un commerce illicite de vente de crack (de source latino-américaine), avec la complicité du shérif Bish, qui en consommait joyeusement pour oublier sa femme. Le maire d'Old Sunnybrook fut, bizarrement, retrouvé mort d'une surdose alors qu'il était en route vers le village ; il venait juste de planifier une croisière en Méditerranée, le pauvre. Son testament laissait tous ces avoirs à un ami mexicain originaire de Sonora au Mexique et vivant à Orlando.

Personne ne sut, pas même le Mossad, que le Dr G. G. Gargel était et est toujours grassement payé par des bonzes mexicains de la drogue, qui veulent voir le pays capitaliste crouler sous le poids financier de l'intégration des étrangers venus de l'Amérique latine, dont beaucoup seront, ils le souhaitent, de futurs clients, et des clients assidus avec ça. À la frontière américano-mexicaine, le flot des immigrants latino-américains continue et continuera pour des décennies à venir. Les narcotrafiquants richissimes ne se gênent pas pour soudoyer quantité de bureaucrates du gouvernement américain. Gargel a adoré les selfies que Fukuyu lui envoyait en compagnie de chaque cadavre.

Avec ses amis suspects de la communauté colombienne et mexicaine de Miami, il tient à transmettre le message suivant :

¡Muchas gracias a todos, señoras y señores!

Remerciements

Je tiens sincèrement à remercier toutes les personnes qui ont contribué à l'écriture et à la réalisation de ce roman. Je suis reconnaissant envers le très grand artiste Darloz pour avoir fourni l'image de la couverture, ainsi qu'à Christine Bichaton pour l'avoir mise en un format qui reflète parfaitement le mystère et la menace latente présents dans le récit.

Je rend hommage à Nostradamus, qui m'a convaincu que les histoires et les mots pouvaient rendre la réalité du futur accessible à tous.

Je souhaite également exprimer ma gratitude envers toutes les personnes qui ont participé à la correction et à la relecture de mon texte, notamment Mme Olivia Levingston, Nicolas Louis et Estelle Durand. Leur expertise et leur dévouement ont grandement enrichi ce projet. Elles ont, comme le Dr Fukuyu, travaillé d'arrache-pied.

www.ingramcontent.com/pod-product-compliance
Lightning Source LLC
LaVergne TN
LVHW010945051026
849532LV00003B/1144